典型应用电路分析与设计

——原理分析、实际测试、故障排除

张东辉　杜海龙　编著

清华大学出版社

北京

内 容 简 介

本书每个设计独立成节，首先进行电路工作原理讲解和主要参数计算；然后进行电路仿真分析，提供详细的瞬态、直流、交流、参数和高级分析数据，对电路关键节点信号波形进行测试，以便与实际电路测试比较；最后进行电路板制作与实际测试，包括详细调试步骤、典型测试波形以及故障分析与排除。电路设计过程中加入灵敏度、优化、蒙特卡洛、最坏情况等高级分析，以便更加透彻地理解温度、电路参数容差等的影响，更加全面地分析实际电路。

本书突出仿真软件功能和实际设计应用，将模拟电路设计和软件功能进行完美结合，力求为读者提供最实用的设计书籍，既可供初涉电路设计的工程师学习，也适合作为一线工程技术人员的参考书。

图书在版编目（CIP）数据

典型应用电路分析与设计：原理分析、实际测试、故障排除/张东辉，杜海龙编著. —北京：清华大学出版社，2022.9

ISBN 978-7-302-60272-9

Ⅰ. ①典… Ⅱ. ①张… ②杜… Ⅲ. ①电路分析 ②电路设计 Ⅳ. ①TM133 ②TM02

中国版本图书馆 CIP 数据核字（2022）第 036833 号

责任编辑：王　芳
封面设计：李召霞
责任校对：郝美丽
责任印制：宋　林

出版发行：清华大学出版社

  网 址：http://www.tup.com.cn，http://www.wqbook.com
  地 址：北京清华大学学研大厦 A 座 邮 编：100084
  社 总 机：010-83470000 邮 购：010-62786544
  投稿与读者服务：010-62776969，c-service@tup.tsinghua.edu.cn
  质量反馈：010-62772015，zhiliang@tup.tsinghua.edu.cn
  课件下载：http://www.tup.com.cn，010-83470236

印 装 者：三河市天利华印刷装订有限公司
经 销：全国新华书店
开 本：185mm×260mm 印 张：12.75   字 数：311 千字
版 次：2022 年 9 月第 1 版   印 次：2022 年 9 月第 1 次印刷
印 数：1～1500
定 价：99.00 元

产品编号：090216-01

FOREWORD

　　"我总是问个不休，电路何时能搞透，可你却总是笑我，学习方法太 Low。"

　　目前很多书籍主要讲解典型应用电路理论分析，涉及仿真和实际测试的书籍非常少，对于一线工程技术人员缺乏亲和力，如果将其应用于实际电路，会产生系统稳定性、精度、量程等方面的问题。而且很多书籍中的电路只停留在原理级，并未与工程实践建立可靠联系，例如半导体器件特性、运放偏置电压和失调电流、电阻电容电感的频率特性、输入和输出杂散参数等都与电路的长期稳定性紧密相连，尤其环境温度变化之后设备指标更是变化莫测。经过广泛调研，我发现以原理为基础、仿真为手段、应用为导向的电子信息类书籍具有较大市场空间。

　　"大学＋研究生＋工作"的总时间将近二十年，这期间我详细学习过多本书籍中的典型电路，系统分析过多套实际设备图纸中的应用电路，当时都能够把电路分析透彻——工作原理、环路控制、保护、源效应、负载效应等，但是几年之后再看到原来的资料时，感觉脑袋一片空白，好像没有存储下任何知识一样，长久发展下去可能会"一无所有"。

　　每当看到复杂的原理推导公式和上百页的设备图纸时，我从内心就有点退缩——如何才能把资料掌握并设计出完美产品？"学会学习"这四个字此时模糊地出现在自己的脑海中，学到知识固然重要，学会学习才是王道！

　　本书希望通过对典型应用电路的分析与设计，构建起"从整体到局部、由局部到整体"的系统学习框架，使得电路设计人员在"分析电路—理解电路—应用电路"的过程中学会学习；搭建起"时间连续性和空间连续性并行"的拓展思路，使得工程师能够在举一反三中学以致用；树立起"器件选型—电路布局—实际测试"的明确目标，使读者在循循引导下完成攻坚克难。

　　第 1 章主要以运放和比较器为核心构建应用电路，包括电压比较电路、可编程增益调节电路、滤波器电路和运放电路偏置与去耦。通过频率测量电路分析比较器中的滞环和正反馈作用，使得比较器工作更加稳定可靠。通过频域和时域对比分析运放构成的滤波器电路，同时观测输入和输出信号以便完全理解滤波的含义。只有在特定条件下运放才能完全发挥其功效，所以运放的偏置和去耦非常重要，本章最后讲解运放电路如何实现偏置和去耦及其实际应用。

　　第 2 章首先以 RC 积分电路为例分析测量指标的定义和计算公式，并且通过瞬态和交流测试验证时域和频域的统一；然后进行速度测量电路系统分析与设计；最后讲解高级测量技术，包括地线问题、感应噪声、差分测量和浮动与小信号测量，使得测量数据更加精确和稳定。

　　第 3 章主要讲解电源应用电路的分析与设计,包括充电器、电压转换、限流源、开关电源和线性电源;在透彻分析原始电路的基础上进行量程扩展,并对其保护功能、输入源效应和负载效应进行详细测试。

　　第 4 章主要讲解线性电源和开关电源的保护和检测,包括保护功能分析、补偿设计、电压和漏电流检测、整机保护测试。对开关电源保护电路进行详细测试,包括市电过流保护电路测试、市电输入过压和欠压保护电路测试、开关器件保护电路测试、反压保护电路测试,并进行实际保护电路设计及其保护性能测试。

　　第 5 章对前 4 章中具有代表性的典型电路进行总结和实际测试——书读百遍,其意自现,如此便可温故而知新,具体选择电路如下:第 1 章的带通滤波器、第 2 章的 RC 积分电路、第 3 章的 LED 台灯电路、第 4 章的交流电压自动切换电路。每个测试电路包括电路图、电路板和测试结果,读者可将前面对应章节的理论计算和仿真分析与实际测试结果进行对比,以便更加深刻地理解其中含义,建议读者能够自己制板、焊接、调试、故障排除与性能提升——纸上得来终觉浅,绝知此事要躬行!

　　本书第 1 章和第 2 章由张东辉编写,第 3～5 章由杜海龙编写,全书由张东辉统稿。

　　全书附带典型应用电路的 PSpice 仿真程序、电路图、电路板和实际测试波形,读者可通过扫描下方二维码下载学习,更加深刻地理解和掌握电路,理论分析与实际设计相结合,学以致用。

编　者

2022 年 3 月

电路图

仿真程序

CONTENTS

第1章

运放电路设计实例

本章主要以运放和比较器为核心构建应用电路,包括比较器电路、可编程增益调节电路、滤波器电路和运放偏置与去耦电路。通过频率测量电路分析比较器中的滞环和正反馈作用,使比较器工作更加稳定可靠。通过频域和时域对比分析运放构成的滤波器电路,同时观测输入和输出信号,以便完全理解滤波含义。只有在特定条件下运放才能发挥其完全功效,所以运放的偏置和去耦非常重要,本章最后讲解运放电路如何实现偏置和去耦及其实际应用。

1.1 电压比较电路

1.1.1 单限比较电路

单限比较电路只有一个阈值电压 V_T,当输入电压 V_{IN} 高于阈值电压 V_T 时输出电压为高,当 V_{IN} 低于阈值电压 V_T 时输出电压为低。当输入电压 V_{IN} 由小变大时输出电压产生正向跃变,从低电平跃变为高电平;当输入电压 V_{IN} 由大变小时输出电压产生负向跃变,从高电平跃变为低电平。具体电路见图 1.1。表 1.1 为单限比较电路所用仿真元器件列表,其中电阻 R_1 为上拉电阻,图 1.2 和图 1.3 分别为电路瞬态分析设置和阈值电压 V_T 参数设置。

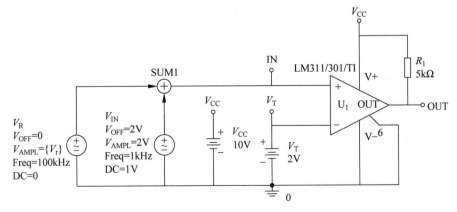

图 1.1　单限比较电路(纹波电压参数 $V_r = 0$)

表 1.1　单限比较电路仿真元器件列表

编号	名称	型号	参数	库	功能注释
R_1	电阻	R	$5k\Omega$	Analog	上拉电阻
SUM1	加法器	SUM		ABM	求和
PARAM	参数	Param	$V_r = 0$	SPECIAL	参数设置
U_1	比较器	LM311/301		TI	比较器
V_{CC}	直流电压源	VDC	10V	SOURCE	比较器供电
V_T	直流电压源	VDC	2V	SOURCE	阈值电压
V_{IN}	交流电压源	VSIN	如图 1.1 所示	SOURCE	输入电压
V_R	交流电压源	VSIN	如图 1.1 所示	SOURCE	纹波电压
0	接地	0		SOURCE	绝对零

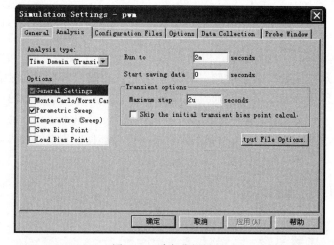

图 1.2　瞬态分析设置

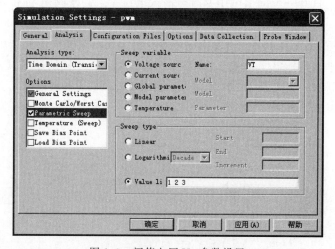

图 1.3　阈值电压 V_T 参数设置

阈值电压 $V_T = 3V$、2V、1V 时的输出电压波形分别对应图 1.4~图 1.6，当输入电压 V_{IN} 大于 V_T 时输出电压为高，反之输出电压为低。

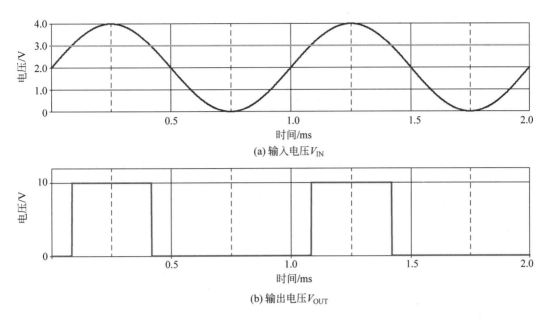

(a) 输入电压 V_{IN}

(b) 输出电压 V_{OUT}

图 1.4 $V_T = 3V$ 时的仿真波形

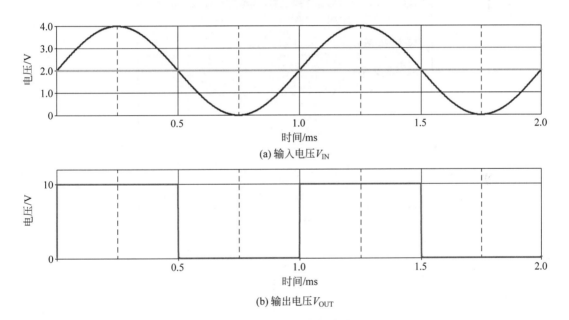

(a) 输入电压 V_{IN}

(b) 输出电压 V_{OUT}

图 1.5 $V_T = 2V$ 时的仿真波形

$V_T = 2V$ 时，V_{IN} 从 0 线性变化到 4V 时的仿真设置和输出电压波形分别如图 1.7 和图 1.8 所示。$V_{\text{IN}} < 2V = V_T$ 时输出为低，$V_{\text{IN}} > 2V = V_T$ 时输出为高，$V_{\text{IN}} = 2V = V_T$ 时输出开始变化。其他设置不变、纹波电压参数 $V_r = 0.1V$ 时的仿真波形如图 1.9 所示，由于此时输入电压为正弦信号源 V_{IN} 和 V_R 之和，所以在 V_{IN} 上将会叠加高频纹波信号。V_{IN} 与 V_T 比较时，输出电压 V_{OUT} 在转换期间出现反复跳跃，对比较结果产生误判，所以单象限比较电路很容易受到干扰。

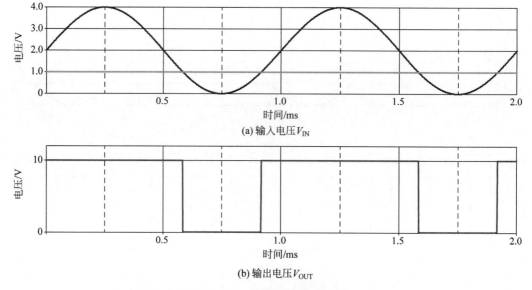

(a) 输入电压 V_{IN}

(b) 输出电压 V_{OUT}

图 1.6　$V_{\text{T}} = 1\text{V}$ 时的仿真波形

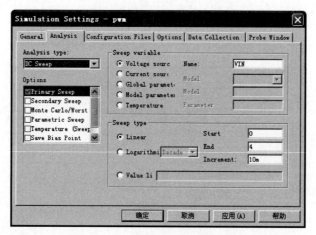

图 1.7　V_{IN} 从小到大直流仿真设置

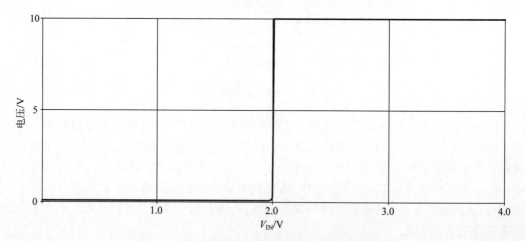

图 1.8　V_{IN} 从小到大变化时输出电压 V_{OUT} 的波形

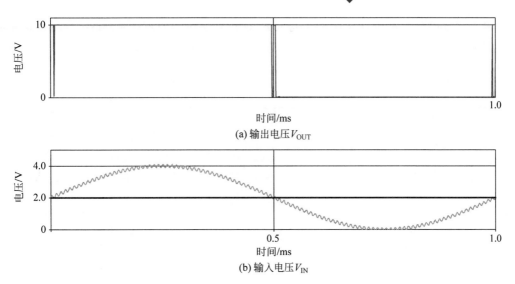

(a) 输出电压 V_{OUT}

(b) 输入电压 V_{IN}

图 1.9 纹波电压参数 $V_{\text{r}} = 0.1\text{V}$ 时的仿真波形

1.1.2 迟滞比较电路

迟滞比较电路包含 V_{TH} 和 V_{TL} 两个阈值电压,当输入电压 V_{IN} 高于阈值电压 V_{TH} 时,输出电压为高,当 V_{IN} 低于阈值电压 V_{TL} 时,输出电压为低,R_1 为上拉电阻。具体电路如图 1.10 所示,其中参数 $R_1 = 10\text{k}\Omega$,$V_{\text{TH}} = 4\text{V}$,$V_{\text{TL}} = 1\text{V}$,$V_{\text{CC}} = 15\text{V}$,$R_4 = 10\text{k}\Omega$。根据比较器技术指标设定电源电压 V_{CC}、V_{TH}、V_{TL} 以及电阻 R_1 和 R_4 参数值,然后 R_2 和 R_3 的阻值分别为

$$R_2 = \frac{V_{\text{CC}} - V_{\text{TL}}}{V_{\text{TH}}} \times R_1, \quad R_3 = \frac{V_{\text{TH}} - V_{\text{TL}}}{V_{\text{CC}}} \times R_4 \tag{1.1}$$

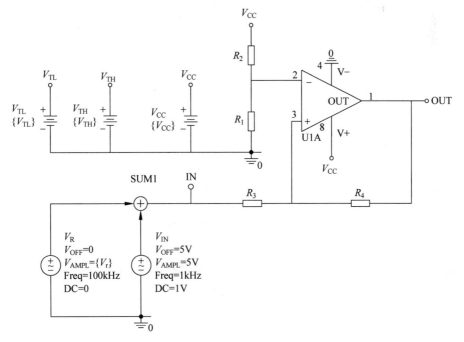

图 1.10 迟滞比较电路

迟滞比较电路详细仿真元器件见表 1.2,图 1.11 和图 1.12 分别为瞬态分析设置和输入电压 V_{IN} 叠加纹波电压参数 $V_r=0$ 时的仿真波形,仿真结果显示输入信号 $V_{IN}>V_{TH}$ 时,输出 V_{OUT} 为高电平,输入信号 $V_{IN}<V_{TL}$ 时,输出 V_{OUT} 为低电平。

表 1.2　迟滞比较电路仿真元器件列表

编号	名称	型号	参数	库	功能注释
R_1	电阻	R	$\{R_{v1}\}$	Analog	负相偏置
R_2	电阻	R	$\{(V_{CC}-V_{TL})\times R_{v1}/V_{TH}\}$	Analog	负相偏置
R_3	电阻	R	$\{(V_{TH}-V_{TL})\times R_{v4}/V_{CC}\}$	Analog	正相偏置
R_4	电阻	R	$\{R_{v4}\}$	Analog	正相偏置
SUM1	加法器	SUM		ABM	求和
PARAM	参数	Param	$V_r=0.2V$	SPECIAL	参数设置
U1A	运放	TL072/301/TI		TI	运放
V_{CC}	直流电压源	VDC	$\{V_{CC}\}$	SOURCE	运放供电
V_{TL}	直流电压源	VDC	$\{V_{TL}\}$	SOURCE	低阈值电压
V_{TH}	直流电压源	VDC	$\{V_{TH}\}$	SOURCE	高阈值电压
V_{IN}	交流电压源	VSIN	如图 1.10 所示	SOURCE	输入电压
V_R	交流电压源	VSIN	如图 1.10 所示	SOURCE	纹波电压
0	接地	0		SOURCE	绝对零

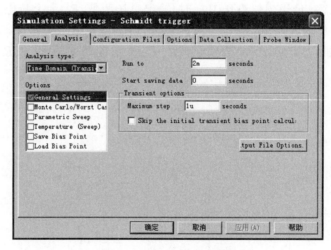

图 1.11　瞬态仿真分析设置

输入信号 V_{IN} 从小到大和从大到小变化时的输出电压波形见图 1.13;V_{IN} 从零伏增大到约 4V 时,输出 V_{OUT} 变为高电平,V_{IN} 减小到约 1V 时,输出 V_{OUT} 变为低电平,迟滞电压范围约为 3V。通过改变 V_{TL} 和 V_{TH} 参数调节阈值电压以及迟滞电压范围,可以更好地与实际设计相匹配。

其他设置不变、纹波电压参数 $V_r=0.2V$ 时的仿真波形见图 1.14,由于此时输入电压为正弦信号源 V_{IN} 和 V_R 之和,所以在 V_{IN} 上将会叠加高频纹波信号。由于比较电路具有迟滞功能,所以当输入信号穿越阈值电压 V_{TH} 和 V_{TL} 时,输出电压 V_{OUT} 保持稳定,不会出现单限比较器反复跳跃现象,具有很强的抗干扰能力。

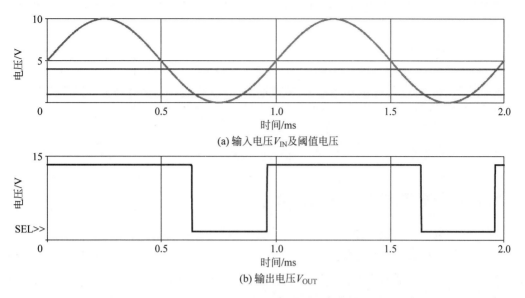

(a) 输入电压 V_{IN} 及阈值电压

(b) 输出电压 V_{OUT}

图 1.12　$V_r = 0$ 时的仿真波形

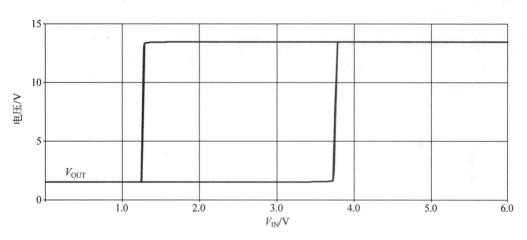

图 1.13　V_{IN} 变化时,输出电压 V_{OUT} 波形($V_r = 0$)

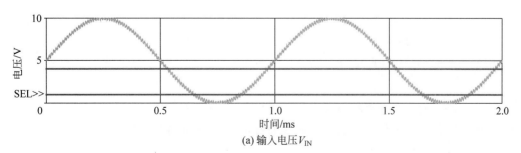

(a) 输入电压 V_{IN}

图 1.14　$V_r = 0.2V$ 时的仿真波形

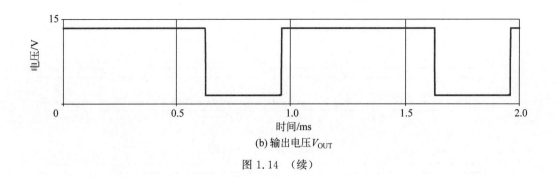

(b) 输出电压 V_{OUT}

图 1.14　（续）

1.1.3　比较器应用——频率测量

利用放大电路和比较电路实现输入信号频率测量,总体电路如图 1.15 所示,主要由输入衰减、两级 10 倍放大、交流耦合和比较电路组成,实际电路分别由放大电路和比较电路构成。输入衰减电路的衰减系数由开关 U_3 控制,U_3 断开时衰减系数约为 0.4、U_3 闭合时衰减系数约为 0.004,输入信号幅值非常高时,利用衰减电路能够更好地保护后级测量电路。两级 10 倍放大电路实现输入信号放大,当输入信号幅值很小时,经过衰减电路后幅值将会更小,所以利用两级放大电路进行放大。交流耦合电路去除放大之后交流信号中的直流信号,以便比较电路能够更加准确地对输入信号进行比较。比较电路由比较器 LM393 构成,比较器输出电压 V_{Square} 处为正负方波,通过 D_2 和 C_8 将正负电压转化为正电压至零,并且实现上升沿和下降沿锐化。

输入信号幅值为 30mV 时对电路进行瞬态仿真,图 1.16 为具体设置(U_3 断开),图 1.17 为 U_3 断开时的仿真波形,V_{OUT1} 约为输入信号 V_{IN} 的 0.4 倍,实现输入信号反相衰减。放大信号 V_{AMP100} 峰-峰值为 V_{OUT1} 的 100 倍但是具有直流分量,所以通过交流耦合电路可以去除直流分量。

耦合电路可以消除 V_{AMP100} 中的直流分量,此时比较电路可以更加准确进行测量,具体波形如图 1.18 所示。

比较电路仿真波形具体见图 1.19。V_{OUT2} 过零时比较电路反转;V_{Square} 为比较器输出正负方波电压波形,为满足数字电路测试,将正负电压转换为正和零电压——V_{Freq},并且实现上升沿和下降沿锐化。

U_3 闭合时的仿真波形具体见图 1.20。V_{IN} 为峰值 1000V 正弦波形、V_{OUT1} 为峰值 4V 的反相正弦波形,电路实现 0.004 倍衰减,保证高压输入时比较电路能够更加安全、稳定地工作。

放大电路交流仿真设置和测试波形分别如图 1.21 和图 1.22 所示,图 1.23 为 -3dB 带宽测量值,约为 238kHz。实际设计时根据具体指标改变电阻和滤波电容参数以调节整体增益和带宽,满足实际需求。

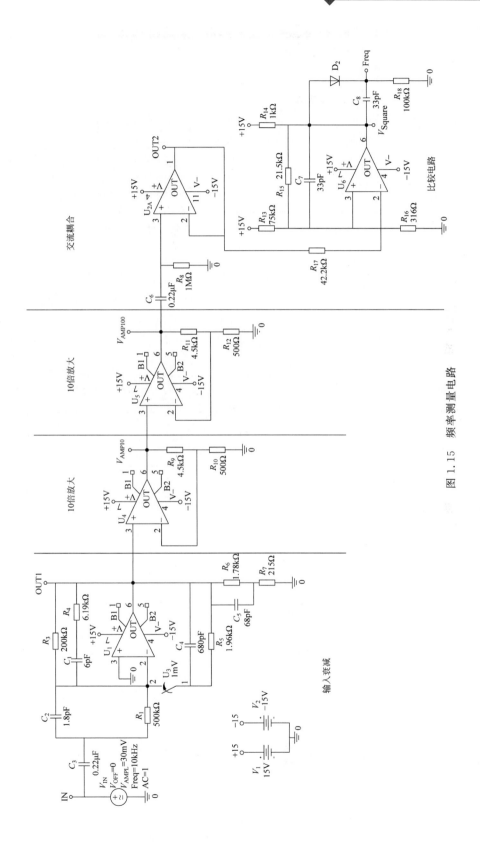

图 1.15 频率测量电路

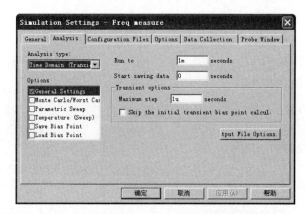

图 1.16   输入信号幅值为 30mV 时的瞬态仿真设置(U_3 断开)

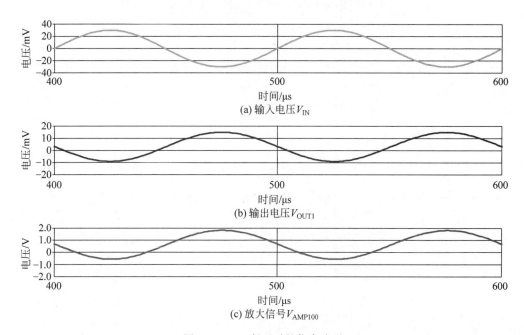

(a) 输入电压 V_{IN}

(b) 输出电压 V_{OUT1}

(c) 放大信号 V_{AMP100}

图 1.17 U_3 断开时的仿真波形

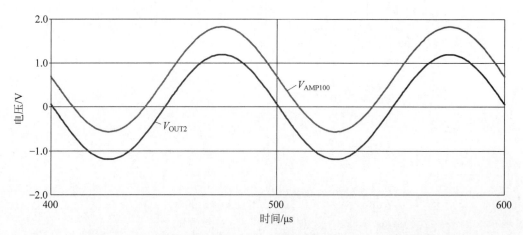

图 1.18   耦合电路的输出电压 V_{OUT2} 及放大信号 V_{AMP100} 的仿真波形

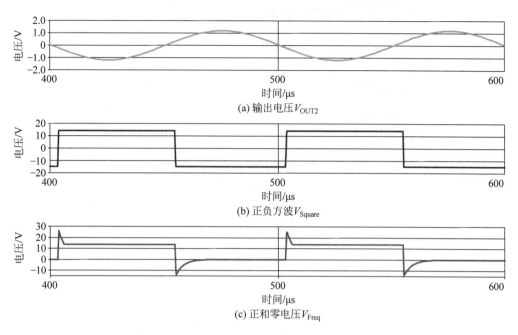

(a) 输出电压 V_{OUT2}

(b) 正负方波 V_{Square}

(c) 正和零电压 V_{Freq}

图 1.19 比较电路仿真波形

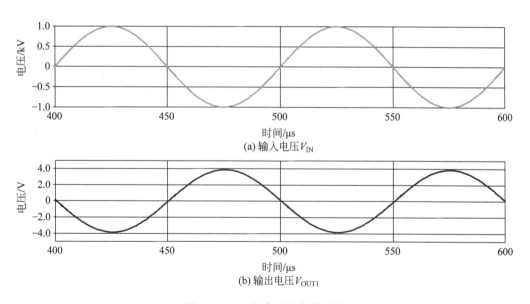

(a) 输入电压 V_{IN}

(b) 输出电压 V_{OUT1}

图 1.20 U_3 闭合时的仿真波形

放大电路交流仿真设置和测试波形分别如图 1.21 和图 1.22 所示,图 1.23 为 $-3dB$ 带宽测量值,约为 238kHz。实际设计时根据具体指标改变电阻和滤波电容参数以调节整体增益和带宽,满足实际需求。

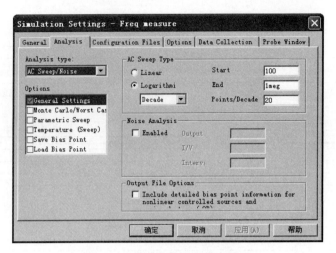

图 1.21　放大电路交流仿真设置

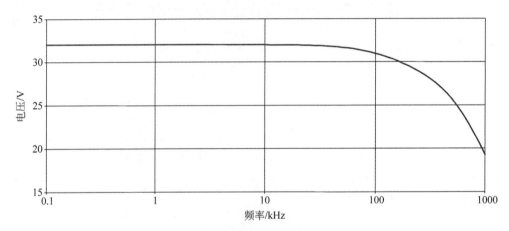

图 1.22　放大电路交流仿真波形（V_{AMP100}）

	Evaluate	Measurement	Value
▶	☑	Cutoff_Lowpass_3dB(V(AMP100))	237.58733k

图 1.23　−3dB 带宽测量值

1.2　可编程增益调节电路

1.2.1　PGA207 增益调节电路

PGA207 为数字可编程增益仪表放大器，非常适合数据采集系统，该放大器能够快速建立时间，并且允许复用输入通道，从而获得优良的系统效率。FET 输入消除由于模拟引起的多路串联电阻，兼容 CMOS/TTL 地址线增益选择。即使关闭电源，模拟输入内部可以保护±40V 过载，PGA207 适用于低失调电压和低漂移放大电路。

　　为去除电源噪声和高阻抗特性,需要在 PGA207 电源引脚连接去耦电容,其基本放大电路如图 1.24 所示。输出参考(Ref)端通常接地,但必须保证低阻连接,以确保良好的共模抑制。输出检测端(引脚 12)必须连接到输出端子(引脚 11),以保证连接负载时获得最佳精度。

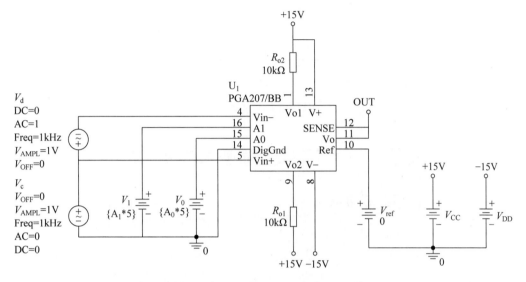

图 1.24　PGA207 可编程增益放大电路

　　PGA207 可编程增益放大电路仿真元器件列表见表 1.3。电路中 V_d 为差模输入信号、V_c 为共模输入信号、V_{ref} 为参考电压,电路正常工作时输出电压仅受差模输入信号 V_d 控制,与共模输入信号 V_c 无关,输出电压计算公式为:

$$V_{OUT} = V_d \times GAIN + V_{ref} \tag{1.2}$$

表 1.3　PGA207 可编程增益放大电路仿真元器件列表

编号	名称	型号	参数	库	功能注释
R_{o1}	电阻	R	10kΩ	Analog	偏置调节
R_{o2}	电阻	R	10kΩ	Analog	偏置调节
PARAM	参数	Param	A1＝0、A0＝0	SPECIAL	增益设置
U_1	运放	PGA207		BB	放大器
V_{CC}	直流电压源	VDC	15V	SOURCE	运放正供电
V_{DD}	直流电压源	VDC	−15V	SOURCE	运放负供电
V_{ref}	直流电压源	VDC	0V	SOURCE	参考电压
V_d	交流电压源	VSIN	如图 1.24 所示	SOURCE	差模输入电压
V_c	交流电压源	VSIN	如图 1.24 所示	SOURCE	共模输入电压
0	接地	0		SOURCE	绝对零

放大电路通过增益控制端口 A1 和 A0 设置电路增益,具体如表 1.4 所示。

表 1.4 PGA207 增益设置

A1	A0	增益
0	0	1
0	1	2
1	0	5
1	1	10

1. 瞬态仿真分析

输入 V_d 交流信号取值为 1V、1kHz,仿真设置和仿真波形分别如图 1.25～图 1.29 所示。

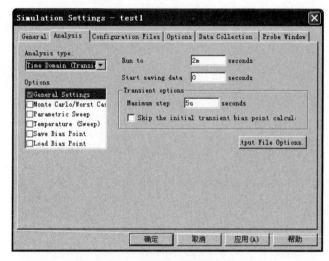

图 1.25 瞬态仿真设置

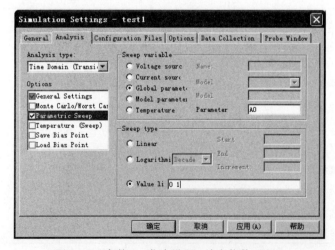

图 1.26 参数 A0 仿真设置:放大倍数 1 和 2

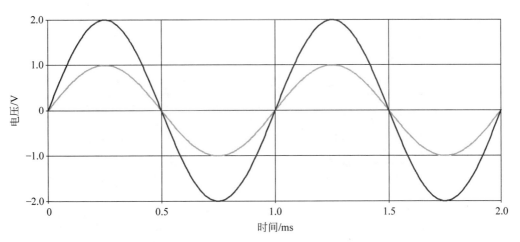

图 1.27 输出电压 V_{OUT} 峰值分别为 1V 和 2V,对应放大倍数 1 和 2

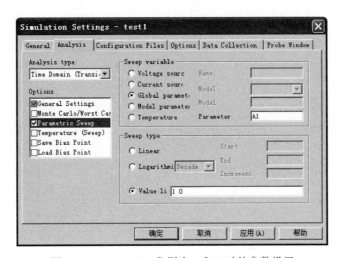

图 1.28 A0＝1、A1 分别为 0 和 1 时的参数设置

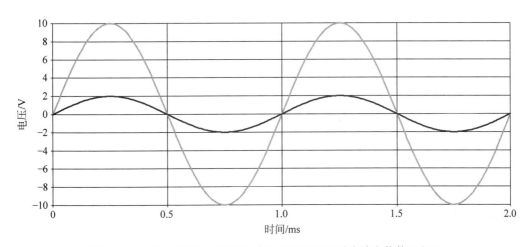

图 1.29 输出电压 V_{OUT} 峰值分别为 2V 和 10V,对应放大倍数 2 和 10

2. 直流仿真分析

输入 V_d 进行直流分析,仿真设置和测试波形分别如图 1.30 和图 1.31 所示,从图 1.31 中可以得出当输入直流电压在 $-1.4 \sim 1.4\text{V}$ 时输出电压呈线性变化,增益为 10。

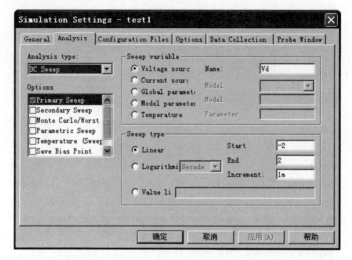

图 1.30　A1＝1、A0＝1 时 V_d 的直流仿真设置

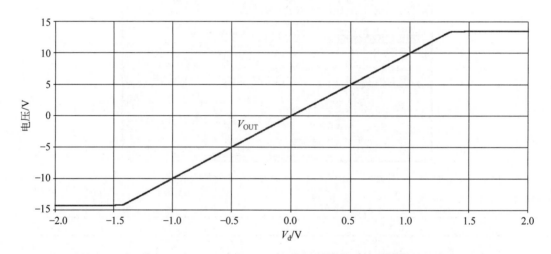

图 1.31　A1＝1、A0＝1 时的直流输出 V_{OUT} 仿真波形

3. 交流仿真分析

对输入 V_d 和 V_c 分别进行交流和参数分析,仿真设置和测试波形分别如图 1.32～图 1.34 所示,测试电路的差模和共模放大特性。

首先测试差模输入信号 V_d,然后测试共模输入信号 V_c。V_c 交流幅值为 1V、V_d 交流幅值为 0,仿真设置与图 1.32、图 1.33 一致,仿真波形即共模信号 V_c 输入时的输出电压波特图如图 1.36 所示。频率低于 100kHz 时共模增益约为 -100dB,3MHz 时共模增益约为 -65dB,该可编程增益放大电路能够实现很强共模抑制。

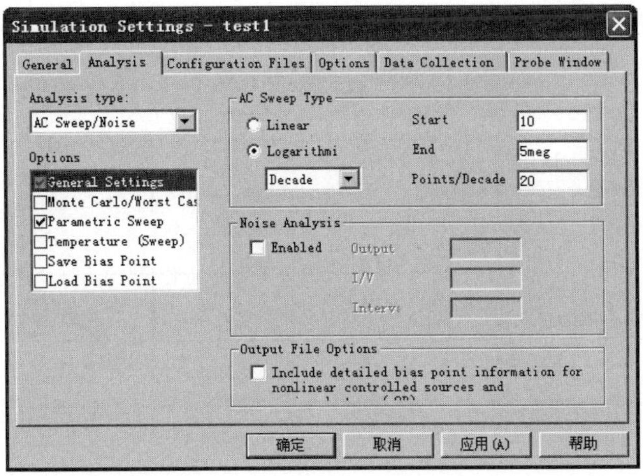

图 1.32　V_d 交流幅值为 1V、V_c 交流幅值为 0 的仿真设置

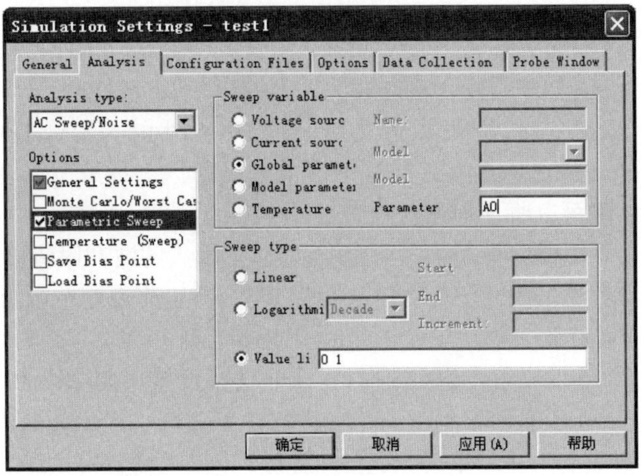

图 1.33　A1=0 时的参数设置

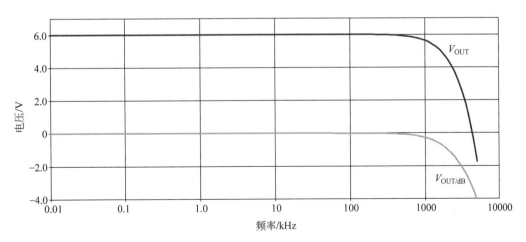

图 1.34　输出电压 V_{OUT} 波特图

	Evaluate	Measurement	1	2
▶	☑	Cutoff_Lowpass_3dB(V(VOUT))	4.02881meg	2.92112meg

图 1.35　−3dB 截止频率

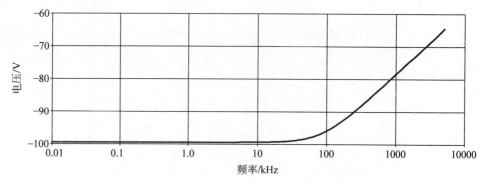

图 1.36　输出电压 V_{OUT} 波特图

1.2.2　INA111 增益调节电路

INA111 是一款高速、FET 输入仪表放大器,具有以下出色性能。

(1) 使用电流反馈拓扑,提供扩展带宽(GAIN=10 时为 2MHz)和快速建立时间(GAIN=100 时为 4ms)。

(2) 单个外部电阻可以将任何增益设置为 1～1000。

(3) 可将输入偏置电流降低至 20pA 或以下,简化输入滤波和限流电路。

(4) 采用 8 引脚塑料 DIP 和 SOL-16 表面贴装封装,工作温度范围为 −40～85℃。

INA111 可编程增益放大电路正常工作时输出参考端子(Ref)通常接地,与参考电压连接时必须低阻连接,以确保良好的共模抑制。外部增益设置电阻 R_{G} 的稳定性和温度漂移影响增益,所以该电阻性能必须根据电路指标进行认真选取。高增益时需要低 R_{G} 电阻值,此时接线电阻以及布线电阻非常重要,设置不当将产生巨大增益误差(可能为不稳定增益误差)。具体仿真电路见图 1.37,表 1.5 为仿真元件列表,电路中 V_{d} 为差模输入信号、V_{c} 为共模输入信号、V_{ref} 为参考电压,电路正常工作时输出电压仅由差模输入信号 V_{d} 控制,与共模输入信号 V_{c} 无关,输出电压计算公式为:

$$V_{\text{OUT}} = V_{\text{d}} \times \text{GAIN} + V_{\text{ref}} \tag{1.3}$$

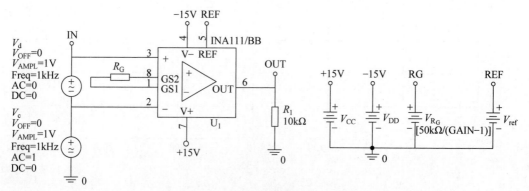

图 1.37　INA111 可编程增益放大电路

表 1.5　INA111 可编程增益放大电路仿真元器件列表

编号	名称	型号	参数	库	功能注释
R_1	电阻	R	$10\text{k}\Omega$	Analog	负载电阻
R_G	电阻	R	$[50\text{k}\Omega/(\text{GAIN}-1)]$	Analog	增益调节
PARAM	参数	Param	GAIN＝2	SPECIAL	增益设置
U_1	运放	INA111		BB	放大器
V_{CC}	直流电压源	VDC	15V	SOURCE	运放正供电
V_{DD}	直流电压源	VDC	-15V	SOURCE	运放负供电
V_{ref}	直流电压源	VDC	0	SOURCE	参考电压
V_d	交流电压源	VSIN	如图 1.37 所示	SOURCE	差模输入电压
V_c	交流电压源	VSIN	如图 1.37 所示	SOURCE	共模输入电压
0	接地	0		SOURCE	绝对零

放大电路通过增益电阻 $R_G＝50\text{k}\Omega/(\text{GAIN}-1)$ 设置增益 GAIN，增益与电阻值对应特性如表 1.6 所示。

表 1.6　INA111 增益设置电阻值

增益	电阻 R_G/Ω	增益	电阻 R_G/Ω
1	开路	200	251.3
2	5×10^4	500	100.2
5	1.25×10^4	1000	50.05
10	5.556×10^3	2000	25.01
20	2.632×10^3	5000	10.00
50	1.02×10^3	10000	5.001
100	505.1		

1. 瞬态仿真分析

输入 V_d 交流信号取值为 1V、1kHz，GAIN＝2 或 4，仿真设置和测试波形如图 1.38～图 1.40 所示。

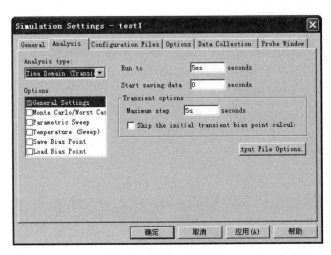

图 1.38　瞬态仿真设置

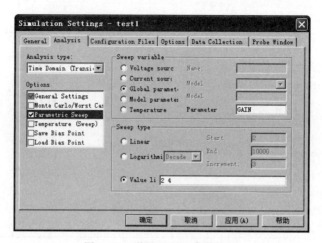

图 1.39 增益 GAIN 参数设置

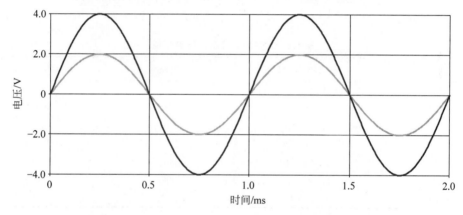

图 1.40 输出电压 V_{OUT} 峰值分别为 2V 和 4V,对应增益 GAIN 为 2 和 4

2. 直流仿真分析

输入 V_d 进行直流仿真设置,如图 1.41 所示。图 1.42 为直流仿真时的输出电压 V_{OUT} 波形,当输入直流电压在 $-3.4 \sim 4.4V$ 时,输出电压线性变化,增益为 4。

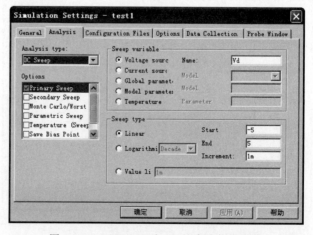

图 1.41 GAIN=4 时,V_d 的直流仿真设置

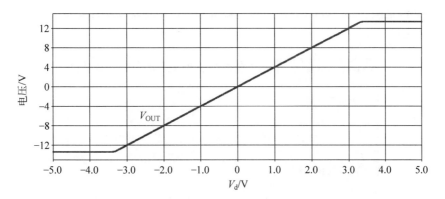

图 1.42 A1＝1、A0＝1 时,输出电压 V_{OUT} 仿真波形

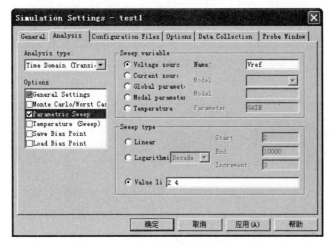

图 1.43 V_{ref} 参考电压参数设置:GAIN＝2、4

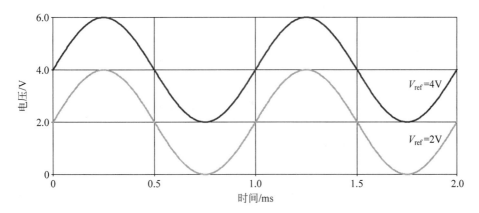

图 1.44 当 V_{ref} 分别为 2V 和 4V 时,输出电压 V_{OUT} 仿真波形

输出电压为:

$$V_{\mathrm{OUT}} = V_{\mathrm{d}} \times \mathrm{GAIN} + V_{\mathrm{ref}} \tag{1.4}$$

V_{d} 为交流信号时改变 V_{ref} 则改变参考电压,具体波形如图 1.44 所示。对增益参数 GAIN

进行直流分析,范围为 2～10000,采用对数变化方式,具体设置与测试波形分别如图 1.45 和图 1.46 所示。

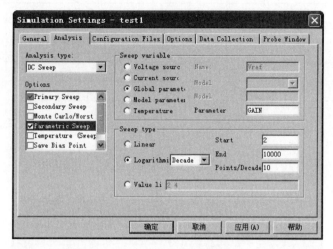

图 1.45　增益 GAIN 参数扫描,测试电阻 R_G 电阻值变化

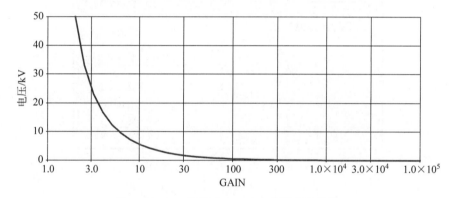

图 1.46　V_{R_G} 随增益 GAIN 变化的特性曲线

电阻 R_G 随增益 GAIN 变化特性数据测试值见表 1.7,根据设定增益选择电阻 R_G 电阻值即可得到所需的放大倍数。

表 1.7　电阻 R_G 随增益 GAIN 变化特性数据

GAIN	电阻 R_G/Ω	GAIN	电阻 R_G/Ω
2	50000	158.87	316.7250061
2.5179	32941.3125	200	251.2562866
3.1698	23043.74219	251.79	199.3739014
3.9905	16719.47461	316.98	158.2385406
5.0238	12426.14844	399.05	125.6115799
6.3246	9390.455078	502.38	99.72529602
7.9621	7181.696289	632.46	79.18213654
10.024	5540.937012	796.21	62.87612915
12.619	4303.241699	1002.4	49.93136978

续表

GAIN	电阻 R_G/Ω	GAIN	电阻 R_G/Ω
15.887	3358.733154	1261.9	39.65375519
20	2631.578857	1588.7	31.49295807
25.179	2067.952148	2000	25.01250648
31.698	1628.777832	2517.9	19.8660965
39.905	1285.173706	3169.8	15.77891159
50.238	1015.481445	3990.5	12.53282166
63.246	803.2702026	5023.8	9.954660416
79.621	635.9588623	6324.6	7.906944275
100.24	503.8420715	7962.1	6.280504704
126.19	399.3882446	10024	4.98865366

3. 交流仿真分析

输入 V_d 和 V_c 分别进行交流仿真分析,测试差模和共模放大特性。首先测试差模输入信号 V_d,具体设置和测试结果分别如图 1.47～图 1.50 所示,低通—3dB 带宽分别为 2.516MHz 和 1.219MHz。

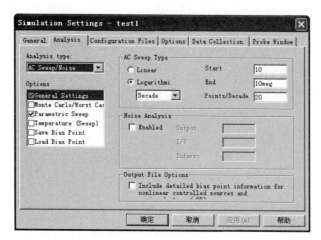

图 1.47 V_d 交流幅值为 1、V_c 交流幅值为 0 的仿真设置

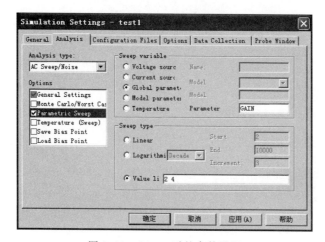

图 1.48 A1＝0 时的参数设置

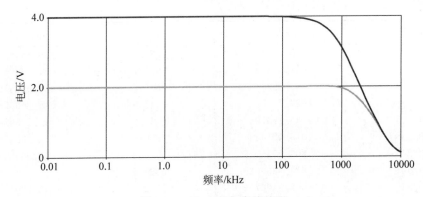

图 1.49　V_{OUT} 的仿真波特图

Evaluate	Measurement	1	2
☑	Cutoff_Lowpass_3dB(V(VOUT))	2.51604meg	1.21928meg

图 1.50　−3dB 截止频率

　　然后测试共模输入信号 V_{c}，V_{c} 交流幅值为 1V、V_{d} 交流幅值为 0，仿真设置与图 1.47 一致，频率在 1~10MHz 时出现共模增益峰值。

　　共模信号 V_{c} 输入时输出电压波特图如图 1.51 所示，频率低于 100kHz 时共模增益优于 −30dB，2MHz 时共模增益约为 −10dB，该可编程增益放大电路共模信号需要进一步处理以满足共模抑制要求。

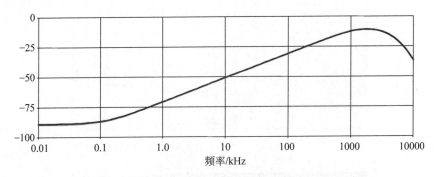

图 1.51　输出电压 V_{OUT} 波特图

1.3　滤波器电路

1.3.1　低通滤波器

　　二阶低通滤波器通常由具有巴特沃兹响应的单位增益 Sallen-Key 滤波器构成，具体电路见图 1.52，通过设定电容 C_1 参数值 C_{v} 和 −3dB 频率 Freq 计算其余电容和电阻值：

$$C_1 = C_{\mathrm{v}}, \quad C_2 = 2C_1, \quad R_1 = R_2 = \frac{1}{2\sqrt{2} \times \pi \times C_1 \times \mathrm{Freq}} \tag{1.5}$$

利用参数对电阻和电容值进行设置,仿真时设定电容 C_1 的参数 C_v 和频率 Freq 可自动计算电阻 R_1、R_2 和电容 C_2 的值,二阶低通滤波器电路仿真元器件如表1.8所示。

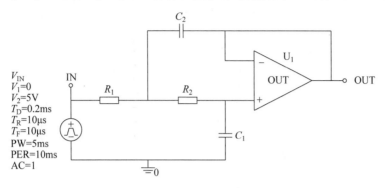

图 1.52　二阶低通滤波器电路

表 1.8　二阶低通滤波器电路仿真元器件列表

编号	名称	型号	参数	库	功能注释
R_1	电阻	R	$\{R_v\}$	Analog	滤波
R_2	电阻	R	$\{R_v\}$	Analog	滤波
C_1	电容	C	$\{C_v\}$	Analog	滤波
C_2	电容	C	$\{C_v\times 2\}$	Analog	滤波
PARAM	参数		$R_v=\dfrac{1}{2.828\times 3.14\times C_v\times \text{Freq}}$ $C_v=10\text{nF}$ Freq$=1$kHz	SPECIAL	参数设置
U_1	运放	OPAMP	理想运放	Analog	滤波
V_{IN}	脉冲信号源	VPULSE	见图1.52	SOURCE	输入信号源
0	接地	0		SOURCE	绝对零

交流分析和频率参数设置分别如图1.53和图1.54所示,图1.55为交流分析波特图,图1.56为-3dB截止频率仿真值(分别为998Hz、4.989kHz和9.980kHz),与设置值基本一致。

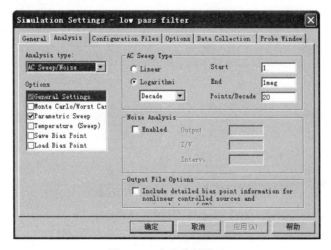

图 1.53　交流分析设置

图 1.54　频率参数 Freq 设置

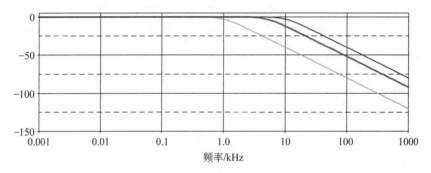

图 1.55　输出电压 V_{OUT} 交流分析波特图

	Evaluate	Measurement	Measurement Results		
			1	2	3
	☑	Cutoff_Lowpass_3dB(DB(V(OUT)))	998.03514	4.98944k	9.98035k

图 1.56　−3dB 截止频率仿真值

利用两级二阶低通滤波器串联直接构成四阶低通滤波器,对其进行交流仿真分析,波特图如图 1.57 所示,高频段衰减分别为 40dB/dec 和 80dB/dec。

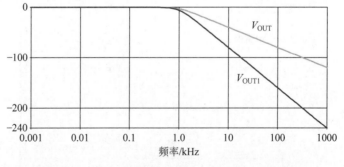

图 1.57　输出电压 V_{OUT} 和 V_{OUT1} 交流分析波特图

利用脉冲信号对低通滤波器进行测试,瞬态仿真设置如图 1.58 所示,参数仿真分析与图 1.54 一致。

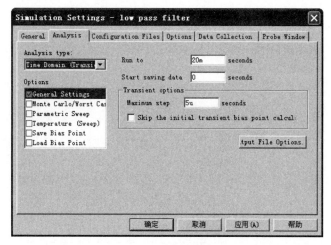

图 1.58　瞬态仿真设置

输入信号 V_{IN} 为脉冲波形时输出 V_{OUT} 与 V_{IN} 基本一致,截止频率 Freq 越高波形上升沿越陡、越接近输入脉冲波形,时域分析和频域分析一致,输入/输出仿真波形如图 1.59 所示。

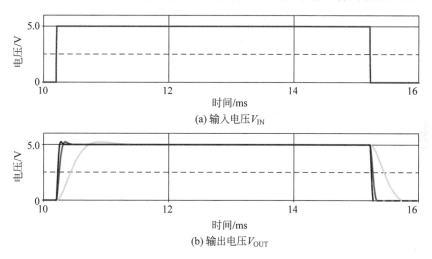

(a) 输入电压 V_{IN}

(b) 输出电压 V_{OUT}

图 1.59　输入电压和输出电压波形

1.3.2　高通滤波器

二阶高通滤波器通常由具有巴特沃兹响应的单位增益 Sallen-Key 滤波器构成,具体电路见图 1.60,由于运放带宽为有限值,所以实际上并不存在真正的有源高通滤波器,电路仿真时采用 OPAMP 理想运放,该运放增益固定、频率无限。通过设定电容 C_1、C_2 参数值 C_v 和 -3dB 频率 Freq 计算其余电阻值:

$$C_1 = C_2 = C_v, \quad R_1 = \frac{1}{\sqrt{2} \times \pi \times C_1 \times \text{Freq}}, \quad R_2 = \frac{R_1}{2} \tag{1.6}$$

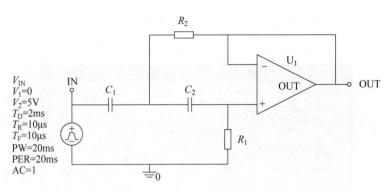

图 1.60　二阶高通滤波器电路

利用参数对电阻和电容值进行设置，仿真时只需设定电容 C_1、C_2 的参数 C_v 和频率 Freq 即可自动计算电阻 R_1 和 R_2 数值，二阶高通滤波器电路仿真元器件如表 1.9 所示。

表 1.9　二阶高通滤波器电路仿真元器件列表

编号	名称	型号	参数	库	功能注释
R_1	电阻	R	$\{R_v \times 2\}$	Analog	滤波
R_2	电阻	R	$\{R_v\}$	Analog	滤波
C_1	电容	C	$\{C_v\}$	Analog	滤波
C_2	电容	C	$\{C_v\}$	Analog	滤波
PARAM	参数		$R_v = \dfrac{1}{2.828 \times 3.14 \times C_v \times \text{Freq}}$ $C_v = 10\text{nF}$ $\text{Freq} = 1\text{kHz}$	SPECIAL	参数设置
U_1	运放	OPAMP	理想运放	Analog	滤波
V_{IN}	脉冲信号源	VPULSE	见图 1.61	SOURCE	输入信号源
0	接地	0		SOURCE	绝对零

交流和频率参数仿真设置分别如图 1.61 和图 1.62 所示，图 1.63 为交流分析波特图，图 1.64 为 -3dB 截止频率仿真值（分别为 1.001kHz、5.004kHz 和 10.006kHz），与设置值一致。

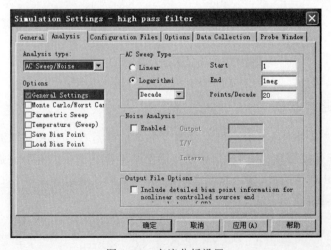

图 1.61　交流分析设置

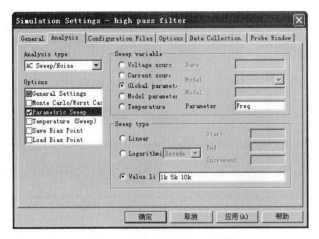

图 1.62　频率参数 Freq 设置

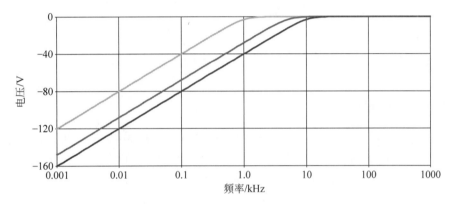

图 1.63　输出电压 V_{OUT} 交流分析波特图

	Evaluate	Measurement	Measurement Results		
			1	2	3
▶	☑	Cutoff_Highpass_3dB(DB(V(OUT)))	1.00063k	5.00404k	10.00634k

图 1.64　−3dB 截止频率仿真值

利用阶跃信号对高通滤波器进行测试,瞬态仿真设置如图 1.65 所示、参数仿真设置与图 1.62 一致。

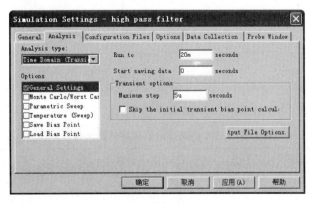

图 1.65　瞬态仿真设置

V_{IN} 为输入信号、V_{OUT} 为输出信号,具体仿真波形如图 1.66 所示,当 V_{IN} 为阶跃信号时,V_{OUT} 为窄脉冲,截止频率 Freq 越高输出波形下降沿越陡。输入为直流时,输出电压为零,时域分析和频域分析一致。

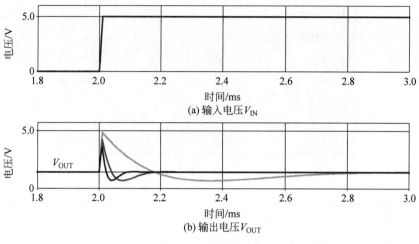

图 1.66　仿真波形

1.3.3　带通滤波器

二阶带通滤波器通常由具有巴特沃兹响应的单位增益 Sallen-Key 低通和高通滤波器组合而成,具体电路见图 1.67,通过设定上限和下限截止频率 FreqL、FreqH 以及相关参数值进行滤波器具体设计,具体计算公式参考前面章节。

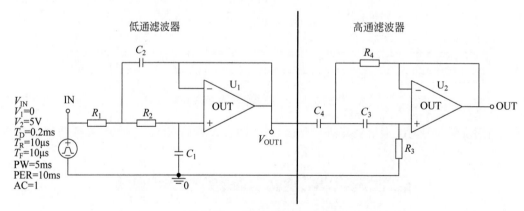

图 1.67　二阶带通滤波器电路

利用参数对电阻和电容值进行设置,仿真时只需设定电容和频率即可自动计算电阻数值,二阶带通滤波器电路仿真元器件如表 1.10 所示。

表 1.10　二阶带通滤波器电路仿真元器件列表

编号	名称	型号	参数	库	功能注释
R_1	电阻	R	$\{R_{vL}\}$	Analog	低通滤波
R_2	电阻	R	$\{R_{vL}\}$	Analog	低通滤波

续表

编号	名称	型号	参数	库	功能注释
C_1	电容	C	$\{C_{vL}\}$	Analog	低通滤波
C_2	电容	C	$\{C_{vL}\times 2\}$	Analog	低通滤波
R_3	电阻	R	$\{R_{vH}\times 2\}$	Analog	高通滤波
R_4	电阻	R	$\{R_{vH}\}$	Analog	高通滤波
C_3	电容	C	$\{C_{vH}\}$	Analog	高通滤波
C_4	电容	C	$\{C_{vH}\}$	Analog	高通滤波
PARAM	参数		$R_{vL}=\dfrac{1}{2.828\times 3.14\times C_{vL}\times FreqL}$ $R_{vH}=\dfrac{1}{2.828\times 3.14\times C_{vH}\times FreqH}$ FreqL＝FreqH＝1MHz $C_{vL}＝C_{vH}＝10nF$	SPECIAL	参数设置
U_1、U_2	运放	OPAMP	理想运放	Analog	滤波
V_{IN}	脉冲信号源	VPULSE	见图 1.68	SOURCE	输入信号源
0	接地	0		SOURCE	绝对零

交流分析设置和波特图分别如图 1.68 和图 1.69 所示,图 1.70 为－3dB 截止频率仿真值(分别为 1.001kH 和 998.0kHz),与设置值一致。

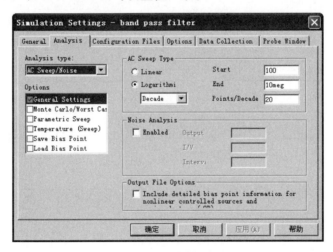

图 1.68　交流分析设置

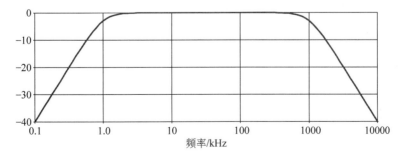

图 1.69　输出电压 V_{OUT} 交流分析波特图

Evaluate	Measurement	Value
☑	Cutoff_Highpass_3dB(DB(V(OUT)))	1.00063k
☑	Cutoff_Lowpass_3dB(DB(V(OUT)))	998.03622k

图 1.70　−3dB 截止频率仿真值

利用脉冲信号对带通滤波器进行测试,瞬态仿真设置如图 1.71 所示。

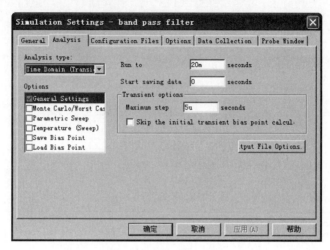

图 1.71　瞬态仿真设置

输入信号 V_{IN} 为脉冲波形,输出信号 V_{OUT} 仅对输入信号的上升和下降沿进行处理,忽略直流分量,与高通滤波器相似,但响应速度受到低通滤波器限制,具体仿真波形见图 1.72。

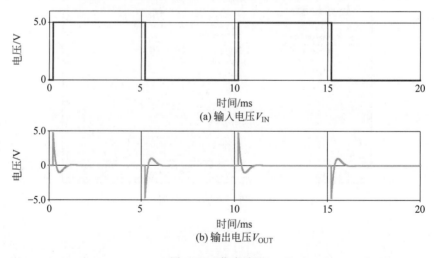

图 1.72　仿真波形

1.3.4　陷波滤波器

陷波滤波器电路仅对单一频率进行陷波,具体电路如图 1.73 所示。通过设定电容 C_1 参数值 C_v 和−3dB 频率 Freq 计算其余电阻值:

$$C_1 = C_2 = C_v, \quad R_3 = R_4 = R_5 = R_6 = \frac{1}{2 \times \pi \times C_1 \times \text{Freq}}, \quad R_1 = R_2 = 20 \times R_3 \quad (1.7)$$

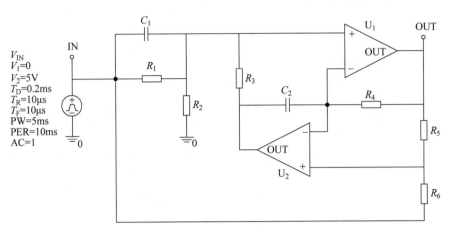

图 1.73 陷波滤波器电路

利用参数对电阻和电容值进行设置,仿真时只需设定电容 C_1 的参数 C_v 和频率 Freq 即可自动计算电阻数值,陷波滤波器电路仿真元器件如表 1.11 所示。

表 1.11 陷波滤波器电路仿真元器件列表

编号	名称	型号	参数	库	功能注释
R_1、R_2	电阻	R	$\{R_v \times 20\}$	Analog	滤波
$R_3 \sim R_6$	电阻	R	$\{R_v\}$	Analog	滤波
C_1	电容	C	$\{C_v\}$	Analog	滤波
C_2	电容	C	$\{C_v\}$	Analog	滤波
PARAM	参数		$R_v = \dfrac{1}{2 \times 3.14 \times C_v \times \text{Freq}}$ $C_v = 10\text{nF}$ $\text{Freq} = 1\text{kHz}$	SPECIAL	参数设置
U_1、U_2	运放	OPAMP	理想运放	Analog	滤波
V_{IN}	脉冲信号源	VPULSE	见图 1.73	SOURCE	输入信号源
0	接地	0		SOURCE	绝对零

交流和频率参数仿真设置分别如图 1.74 和图 1.75 所示,图 1.76 为交流分析波特图,图 1.77 为 1dB 中心频率仿真值(分别为 1.007kHz、10.066kHz 和 100.655kHz),与设置值基本一致。

利用脉冲信号对低通滤波器进行测试,瞬态仿真设置如图 1.78 所示,参数仿真设置与图 1.75 一致。

输入信号 V_{IN} 为脉冲波形,$V_{\text{OUT}1}$、$V_{\text{OUT}2}$、$V_{\text{OUT}3}$ 分别对应中心频率 Freq 为 1kHz、10kHz 和 100kHz,陷波中心频率越高输出波形越接近输入脉冲波形,具体仿真波形如图 1.79 所示。

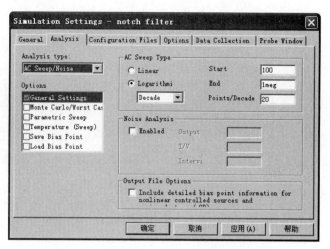

图 1.74 交流分析设置

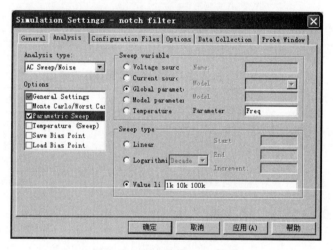

图 1.75 频率参数 Freq 设置

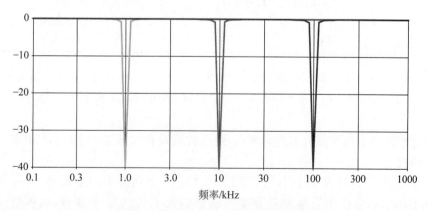

图 1.76 输出电压 V_{OUT} 交流分析波特图

	Evaluate	Measurement	Measurement Results		
			1	2	3
▶	☑	CenterFrequency(DB(V(OUT)),1db)	1.00655k	10.06553k	100.65532k

图1.77 1dB中心频率仿真值

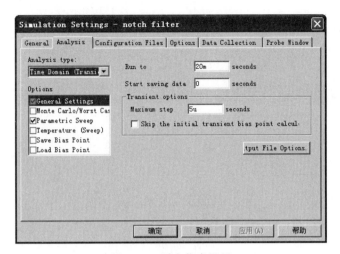

图1.78 瞬态仿真设置

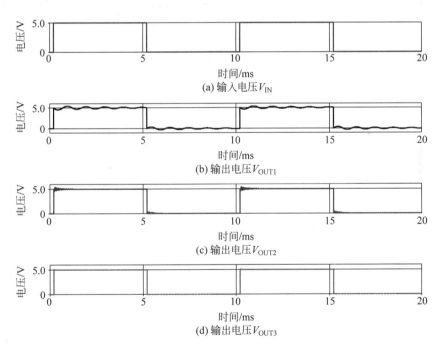

图1.79 输出电压仿真波形

1.3.5 滤波器设计实例

1. 原始电路性能分析与测试

交流放大仿真电路如图1.80所示,表1.12为其元器件列表。该放大电路由3级电路构成。

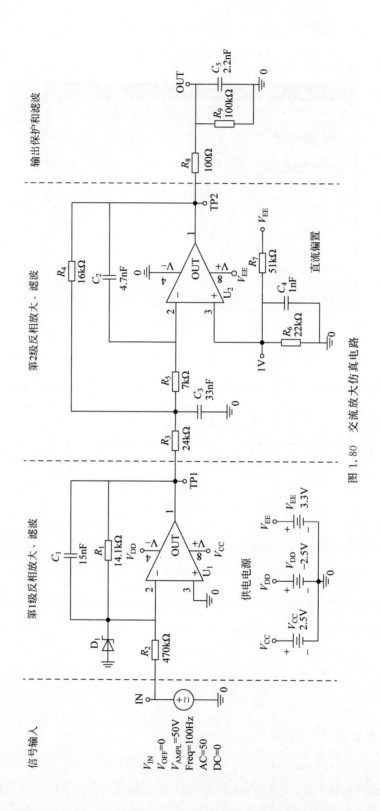

图 1.80 交流放大仿真电路

第1级对输入信号进行反相放大和低通滤波,低频时放大倍数 GAIN1＝$-R_1/R_2$,电容 C_1 设置低通截止频率。

第2级对第1级输出信号进行反相放大和带宽展宽,低频时放大倍数 GAIN2＝$-R_4/R_3$,通过电容 C_3 将频带展宽;R_6、R_7 和 V_{EE} 设置输出直流偏置电压供 ADC 使用,根据图中参数求得偏置电压为 $\dfrac{R_6}{R_6+R_7}\times V_{EE}=1V$,此时 TP2 的直流偏置电压为 $\dfrac{R_3+R_4}{R_3}\times 1V=1.667V$,恰好为 $V_{EE}=3.3V$ 的一半。

输出保护和滤波级实现输出短路保护、输出接地和高频滤波,当输出端 OUT 短路时通过 100Ω 电阻 R_8 对运放输出进行限流保护,当 R_8 或者运放输出悬空时通过电阻 R_9 将 OUT 接地,使得 ADC 采样电压为零,对其进行限压保护。

表 1.12 放大电路仿真元器件列表

编号	名称	型号	参数	库	功能注释
R_1	电阻	R	14.1kΩ	ANALOG	信号放大
R_2	电阻	R	470kΩ	ANALOG	信号放大
R_3	电阻	R	24kΩ	ANALOG	信号放大
R_4	电阻	R	16kΩ	ANALOG	信号放大
R_5	电阻	R	7kΩ	ANALOG	滤波
R_6	电阻	R	22kΩ	ANALOG	直流偏置
R_7	电阻	R	51kΩ	ANALOG	直流偏置
R_8	电阻	R	100Ω	ANALOG	过流保护
R_9	电阻	R	100kΩ	ANALOG	接地
C_1	电容	C	15nF	ANALOG	低通滤波
C_2	电容	C	4.7nF	ANALOG	频带展宽
C_3	电容	C	33nF	ANALOG	抑制尖峰
C_4	电容	C	1nF	ANALOG	稳压
C_5	电容	C	2.2nF	ANALOG	输出滤波
D1	稳压二极管	D1N4735		DIODE	保护
U1	运放	LTC1151		LT	放大、滤波
U2	运放	LTC1151		LT	放大、滤波
V_{CC}	直流电压源	VDC	2.5V	SOURCE	供电电源
V_{DD}	直流电压源	VDC	$-2.5V$	SOURCE	供电电源
V_{EE}	直流电压源	VDC	3.3V	SOURCE	供电电源
V_{IN}	正弦电压源	VSIN	如图 1.80 所示	SOURCE	输入信号
PARAM	参数	PARAM		SPECIAL	参数设置
0	接地	0		SOURCE	绝对零

```
. model D1N4735   D(Is=1.168f Rs=0.9756 Ikf=0 N=1 Xti=3 Eg=1.11 Cjo=140p M=0.3196
+    Vj=0.75 Fc=0.5 Isr=2.613n Nr=2 Bv=6.2 Ibv=4.9984 Nbv=0.32088
+    Ibv1=184.78u Nbv1=0.19558 Tbv1=443.55u)
*    Vz = 6.2 @ 41mA, Zz = 9 @ 1mA, Zz = 3.4 @ 5mA, Zz = 1.85 @ 20mA
```

1) 直流仿真分析——输入电压变化时的电路输出特性

直流仿真设置如图 1.81 所示,输出电压波形和测试数据分别如图 1.82 和图 1.83 所示。输入信号 V_{IN} 在 $-50\sim50V$ 线性增加时,输出电压从 $0.657V$ 增加到 $2.655V$,变化量为 $1.998V$,信号衰减比约为 50：1,即电路放大倍数为 0.02。输入信号为 $0V$ 时,输出电压为 $1.656V$,与计算值 1.667 基本一致。

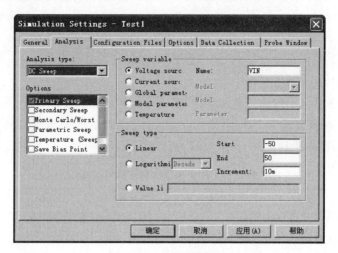

图 1.81　直流仿真设置

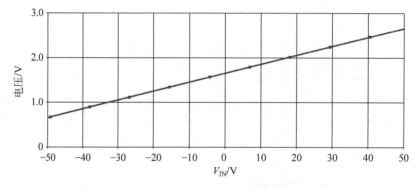

图 1.82　输出电压 V_{OUT} 波形

Probe Cursor	
A1 =	10.000m,	1.6559
A2 =	10.000m,	1.6559
dif=	0.000,	0.000

Probe Cursor	
A1 =	50.000,	2.6549
A2 =	-50.000,	656.877m
dif=	100.000,	1.9980

图 1.83　$R_6=22k\Omega$ 时的测试数据

　　R_6 分别为 $20k\Omega$、$22k\Omega$ 和 $24k\Omega$ 时的输出电压波形如图 1.84 所示,图 1.85 和图 1.86 分别为 $R_6=20k\Omega$ 和 $R_6=24k\Omega$ 的测试数据,通过仿真分析可得:当输入信号变化范围固定时,R_6 阻值变化时输出偏置电压改变,但是输出电压变化量恒定。

　　2）交流仿真分析——测试每级电路的频率特性

　　交流仿真分析设置如图 1.87 所示,频率变化范围为 $1Hz\sim100kHz$,每 10 倍频 20 点。

　　第 1 级反相放大滤波电路 V_{TP1} 频率特性曲线如图 1.88 所示,$-3dB$ 带宽约为 $750Hz$。

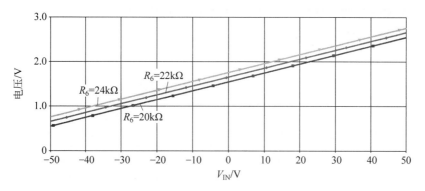

图 1.84 R_6＝20kΩ、22kΩ、24kΩ 时，输出电压 V_{OUT} 仿真波形

Probe Cursor	
A1 = 10.000m,	1.5478
A2 = 10.000m,	1.5478
dif= 0.000,	0.000

Probe Cursor	
A1 = 50.000,	2.5468
A2 = −50.000,	548.747m
dif= 100.000,	1.9980

Probe Cursor	
A1 = 10.000m,	1.7582
A2 = 10.000m,	1.7582
dif= 0.000,	0.000

Probe Cursor	
A1 = 50.000,	2.7572
A2 = −50.000,	759.241m
dif= 100.000,	1.9980

图 1.85 R_6＝20kΩ 时的测试数据   图 1.86 R_6＝24kΩ 时的测试数据

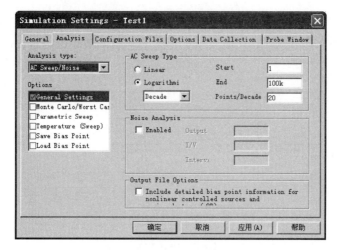

图 1.87 交流仿真分析设置

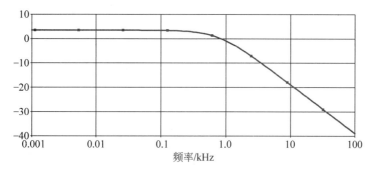

图 1.88 V_{TP1} 频率特性曲线

第 2 级反相放大滤波电路 V_{TP2}/V_{TP1} 频率特性曲线如图 1.89 所示，−3dB 带宽约为 1.5kHz，带宽展宽的同时实现每十倍频 40dB 衰减。

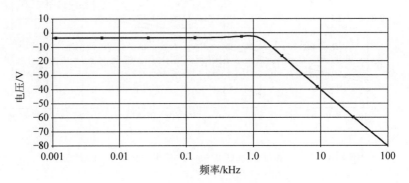

图 1.89　V_{TP2}/V_{TP1} 的频率特性曲线

$C_2 = 0.1nF$、$1nF$ 和 $4.7nF$ 时 V_{TP2}/V_{TP1} 频率特性曲线如图 1.90 所示，随着 C_2 的电容值减小 −3dB 带宽逐渐增大，但是频率特性曲线出现尖峰，所以实际设计时应该准确选择 C_2 参数值，以免实际应用时输出存在过冲与振荡。

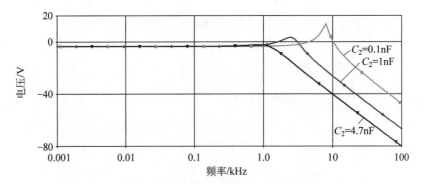

图 1.90　$C_2 = 0.1nF$、$1nF$ 和 $4.7nF$ 时 V_{TP2}/V_{TP1} 频率特性曲线

输出级 V_{OUT}/V_{TP2} 频率特性曲线如图 1.91 所示，带宽非常宽，所以该级主要负责短路保护和输出接地，另外通过改变 R_8 电阻实现与 ADC 阻抗匹配。

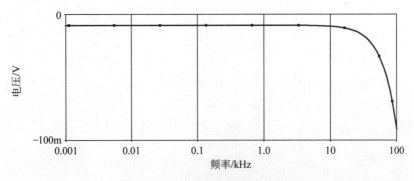

图 1.91　V_{OUT}/V_{TP2} 频率特性曲线

输入交流幅值为 50V 时,输出电压 V_{OUT} 频率特性曲线及测试数据如图 1.92 所示。低频时输出电压为 -9.14mdB 即 1V,所以电路实现 50∶1 衰减;-3dB 带宽为 961.7Hz。

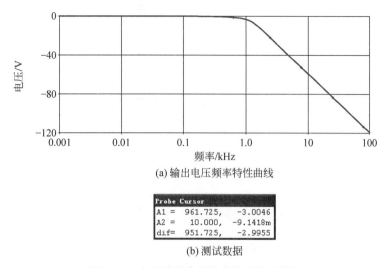

(a) 输出电压频率特性曲线

Probe Cursor		
A1 =	961.725,	-3.0046
A2 =	10.000,	-9.1418m
dif=	951.725,	-2.9955

(b) 测试数据

图 1.92　全电路频率特性曲线及测试数据

3) 瞬态仿真分析——测试输入信号为正弦波时的输出电压波形

对电路进行瞬态仿真分析,仿真设置如图 1.93 所示。当电阻 R_1 分别为 14.1kΩ 和 7.05kΩ 时,仿真波形和测试数据如图 1.94 所示。输入 V_{IN} 为幅值 50V、频率 100Hz 的正弦波;电阻 $R_1 = 14.1\text{k}\Omega$ 时输出电压峰-峰值 1.99V,$R_1 = 7.05\text{k}\Omega$ 时输出电压峰-峰值 1.00V,输出电压幅值与电阻 R_1 阻值成正比,但是输出电压直流偏置保持恒定。

通过上述分析可得:第 1 级实现整体电路增益调节,第 2 级负责输出电压直流偏置及带宽调整,输出级实现过流保护、阻抗匹配和接地保护。

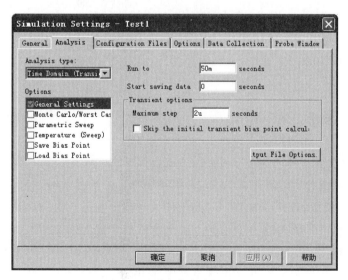

图 1.93　瞬态仿真分析设置

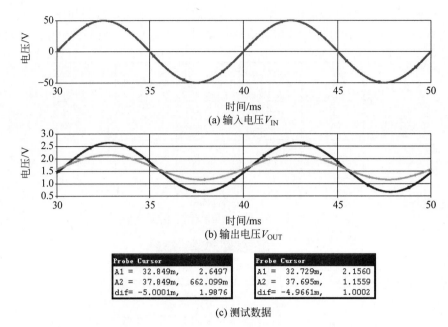

（a）输入电压V_{IN}

（b）输出电压V_{OUT}

Probe Cursor		
A1 =	32.849m,	2.6497
A2 =	37.849m,	662.099m
dif=	-5.0001m,	1.9876

Probe Cursor		
A1 =	32.729m,	2.1560
A2 =	37.695m,	1.1559
dif=	-4.9661m,	1.0002

（c）测试数据

图 1.94 输入、输出电压波形及测试数据

2. 高级仿真分析

高级仿真分析图 1.80 中各元件对电路增益与带宽的影响，所有电阻和电容选择 PSPICE_ELEM 元件库，具体见图 1.95。利用该电路对电压增益与带宽进行灵敏度分析、蒙特卡洛分析和优化分析。

Tolerances	Smoke Limits
CTOL = 5	RMAX = 0.25
RTOL = 5	RSMAX = 0.005
LTOL = 0	RTMAX = 200
VTOL = 0	VMAX = 12
ITOL = 0	CMAX = 50
	CBMAX = 125
User Variables	CSMAX = 0.005
	CTMAX = 125
⊕	CIMAX = 1
	LMAX = 5
	DSMAX = 300
	IMAX = 1

图 1.95 电路元件配置

1）灵敏度分析——测试各元件对电压增益与带宽的灵敏度

输出电压灵敏度分析结果如图 1.96 所示，电阻和电容的容差均为 5%，电阻 R_1、R_2、R_3 和 R_4 对输出电压最敏感，并且 R_1 和 R_4 阻值增大时输出电压增加、R_2 和 R_3 阻值增加时输出电压减小。输出电压最大值为 1.221V，输出电压最小值为 0.818V，输出电压正常值为 0.999V。

输出电压−3dB 带宽灵敏度分析结果如图 1.97 所示，电阻 R_1、C_1 和 C_2 对带宽最敏感，其次为 R_4 和 C_3，并且 C_3 参数增大时带宽增加，其他 4 个元件均随参数值减小而带宽增加。最大带宽为 1.12kHz，最小带宽为 824Hz，正常带宽为 964Hz。

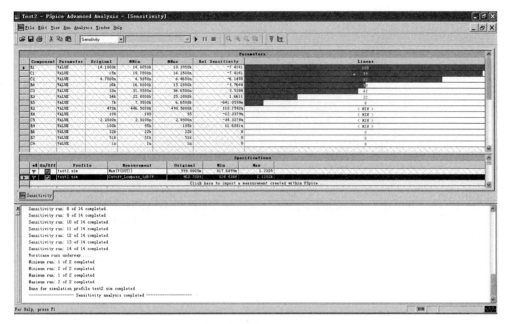

图 1.96 输出电压灵敏度分析

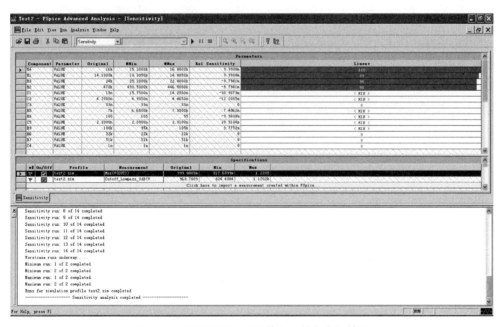

图 1.97 输出电压－3dB 带宽灵敏度分析结果

2）蒙特卡洛分析——测试各元件容差为 5％时输出电压范围

电阻和电容容差均为 5％时仿真 50 次的输出电压分布如图 1.98 所示，最大值为 1.133V，最小值为 0.9V，平均值为 0.997V。

3）优化分析——设定输出电压值、软件自动计算元件参数值

根据前面分析可知：第 1 级调节整体电压增益，即输出电压值，而电阻 R_1 和 R_2 的灵敏度几乎一致，所以选定 R_1 为调节元件，通过改变 R_1 的参数值使得输出电压与设定值一致。

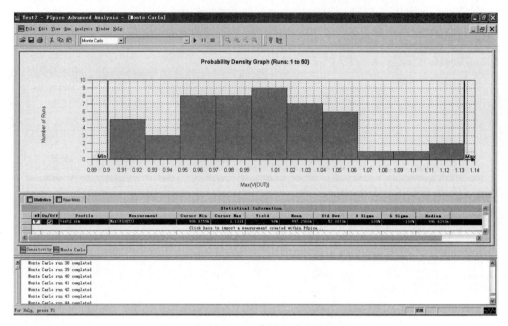

图 1.98 输出电压蒙特卡洛分析结果

优化设置与仿真结果如图 1.99 所示：对电路进行交流仿真分析，设置输出电压最大值为 0.805V，最小值为 0.795V，选择电阻 R_1 为优化元件，进行优化仿真分析，软件计算所得 R_1 的阻值为 11.29kΩ。接下来利用该值对原始电路进行交流和瞬态仿真分析，测试该电阻值是否满足设定指标。

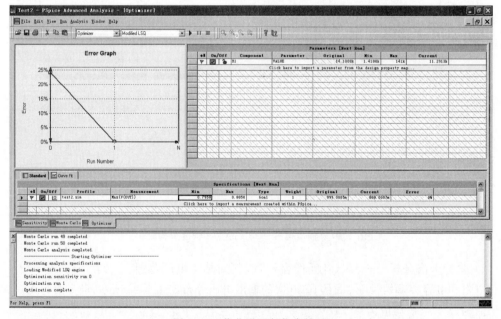

图 1.99 优化设置与仿真结果

输出电压频率特性曲线和测试数据如图 1.100 所示，低频时最大输出电压为 799.9mV，与设定值 800mV 一致；图 1.101 为瞬态仿真波形，峰-峰值为 1.596V，与设定值 0.8×2＝1.6V 一致。

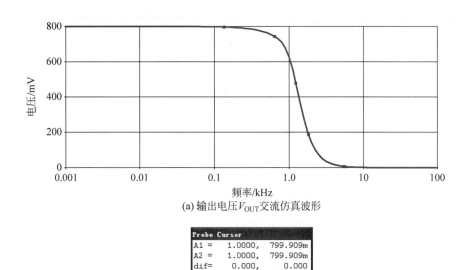

(a) 输出电压 V_{OUT} 交流仿真波形

Probe Cursor		
A1 =	1.0000,	799.909m
A2 =	1.0000,	799.909m
dif=	0.000,	0.000

(b) 测试数据

图 1.100 V_{OUT} 的交流仿真波形与测试数据

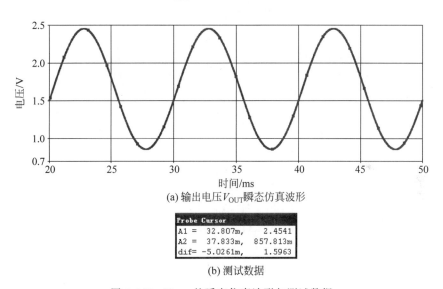

(a) 输出电压 V_{OUT} 瞬态仿真波形

Probe Cursor		
A1 =	32.807m,	2.4541
A2 =	37.833m,	857.813m
dif=	-5.0261m,	1.5963

(b) 测试数据

图 1.101 V_{OUT} 的瞬态仿真波形与测试数据

　　电路工作原理分析透彻之后,设计人员可以根据规定指标利用高级仿真分析进行具体参数值计算,并利用仿真对计算值进行对比验证。

1.4 运放电路偏置与去耦

1.4.1 电阻偏置的常见问题

　　单电源应用的内在问题通常不存在于双电源运算放大器电路之中,基本问题在于运算放大器是一种双电源器件,因而必须通过外部偏置电路将运算放大器的输出电压偏置到供电电压的一半,对于给定电源电压,该方法可实现最大输入和输出电压摆幅。

在输入信号极小的某些低增益应用中,只可将运算放大器的输出电压调至高于接地电压 2V 或 3V 即可。但多数情况下需避免任何削波现象发生,因而需使输出电压偏置到电源电压的一半附近。

简单的单电源偏置电路如图 1.102 所示,其中 C_{IN1} 为输入隔直电容,容值由参数 C_{v1} 确定。该同相交流耦合放大电路通过 R_{A1} 和 R_{B1} 两偏置电阻的分阻器将同相引脚电压偏置于 $V_S/2$,输入信号 V_{IN} 则通过电容耦合至同相输入端。

$$BW_1 = \frac{1}{2\pi\left(\frac{1}{2}R_{A1}\right)C_{IN1}}, \quad BW_2 = \frac{1}{2\pi R_{11}C_{11}}, \quad BW_3 = \frac{1}{2\pi R_{L1}C_{out1}}$$

且有,

$$X_{C11} \ll R_{11}, \quad R_{A1} = R_{B1}, \quad V_{OUT1} = V_{IN}(1 + R_{21}/R_{11})$$

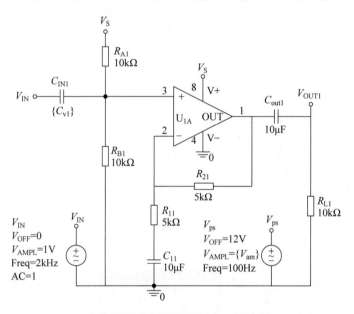

图 1.102　存在不稳定因素的单电源偏置电路

上述简单电路存在严重局限性:运算放大器的电源抑制功能几乎荡然无存,因为电源电压发生的任何变化都将直接改变分压电阻器设定的 $V_S/2$ 偏置电压,电源抑制(Power Supply Rejection,PSR)是运算放大器的重要特性。

电源电压每改变 1V 时分压电阻器电压将改变 0.5V,因而电路的 PSR 仅为 6dB。结果任何现代运算放大器通常具有的高电源抑制特性都将不复存在,而该性能可大幅减少从电源供电耦合至运算放大器的任何交流信号——电源"嗡嗡"的噪声。

另外,当运算放大器必须向负载提供较大输出电流时往往出现不稳定现象,除非电源经过良好调节,否则供电电源将出现较大信号电压。由于运算放大器同相输入端的基准电压直接来自供电电源,因而该信号将直接送回运算放大器,由此引发低频寄生振荡或其他形式的不稳定现象。

尽管通过精心元件布局、多电容电源旁路、星形接地和印刷板电源层等方法可以进行电路稳定性设计,但是电路在最初设计中引入电源抑制显然更为容易。

1.4.2 偏置网络与电源去耦

对存在不稳定因素的单电源运算电路按照图 1.103 进行修改,其中通过电容 C_{22} 在分压器的抽头点设置旁路,用以处理交流信号,恢复一定交流 PSR 性能,电阻 R_{IN} 为 $V_{\mathrm{S}}/2$ 基准电压提供直流回路,同时设定电路(交流)输入阻抗。

$$\mathrm{BW}_1 = \frac{1}{2\pi\left(\frac{1}{2}R_{\mathrm{A2}}\right)C_{22}}, \quad \mathrm{BW}_2 = \frac{1}{2\pi R_{\mathrm{IN2}}C_{\mathrm{IN2}}}, \quad \mathrm{BW}_3 = \frac{1}{2\pi R_{12}C_{21}}, \quad \mathrm{BW}_4 = \frac{1}{2\pi R_{\mathrm{L2}}C_{\mathrm{out2}}}$$

且有,

$$\mathrm{BW}_1 = \frac{\mathrm{BW}_2}{10} = \frac{\mathrm{BW}_3}{10} = \frac{\mathrm{BW}_4}{10}, \quad V_{\mathrm{OUT2}} = V_{\mathrm{IN}}(1 + R_{22}/R_{12}), \quad X_{\mathrm{C21}} \ll R_{12}, R_{\mathrm{A2}} = R_{\mathrm{B2}}$$

为将偏置电流误差最小化,设置 $R_{22} = R_{\mathrm{IN2}} /\!/ R_{\mathrm{A2}}$。

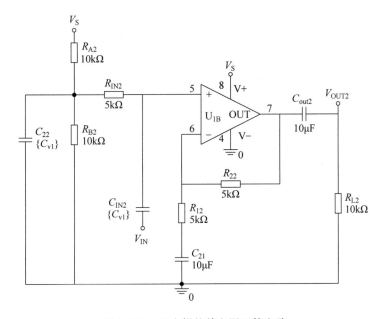

图 1.103 经去耦的单电源运算电路

偏置网络的 $-3\mathrm{dB}$ 带宽由 R_{A2}、R_{B2} 和电容 C_{22} 确定,计算公式为:

$$\mathrm{BW}\mid_{-3\mathrm{dB}} = \frac{1}{2\pi(R_{\mathrm{A2}} /\!/ R_{\mathrm{B2}})C_{22}} \tag{1.8}$$

对于 $-3\mathrm{dB}$ 带宽以下频率该电路实际上并无电源抑制能力,因而仍可能发生不稳定现象,结果供电电源上存在的 $-3\mathrm{dB}$ 带宽频率以下信号可以轻易回到运算放大器正输入端。

通过增加电容 C_{22} 值可以解决上述问题,该值必须足够大,从而能够对分压电阻电路通带带宽内所有频率起到旁路作用,通用设计法则为 $BW_1 = \dfrac{BW_2}{10} = \dfrac{BW_3}{10} = \dfrac{BW_4}{10}$。

需要注意此时直流增益为1,仍需考虑运算放大器的输入偏置电流。R_{A2}、R_{B2} 分压器将增加大量与运算放大器正输出端相串联的电阻,其值等于两电阻的并联值。如果需要将运算放大器的输出电压维持在供电电压一半则需等值增加负输入端电阻,以使电阻达到"平衡"。电流反馈运算放大器的输入偏置电流通常不相等,从而进一步加大设计的复杂性。

因此设计一种将输入偏置电流误差以及电源抑制、增益、输入和输出带宽等因素统统纳入考虑的单电源运算放大器电路可能是一件极其复杂的事情,不过通过实用型方法可大大简化设计过程。对于采用15V 或12V 单电源供电的电压反馈运算放大器,含有两个 $100k\Omega$ 的分压电阻器即可使电源功耗与输入偏置电流误差达到合理平衡。对于 5V 电源则可使用较低值电阻,例如 $42k\Omega$ 电阻。最后某些应用需工作于 3.3V 标准电压之下,此时务必确保运算放大器为"轨到轨"器件,还需通过偏置使其尽量接近中位电压,偏置电阻值可进一步降为约 $27k\Omega$。

应当注意:电流反馈运算放大器通常应用于高频,R_{22} 和杂散电容形成的低通滤波器将极大地降低电路 $-3dB$ 带宽,因此电流反馈运算放大器往往需要使用电阻值极低的电阻。对于针对视频加速应用的 AD811 之类的运算放大器,若 R_{22} 使用 $1k\Omega$ 电阻则可实现最佳性能,因此该类应用需在 R_{A2}/R_{B2} 分压电阻器中使用电阻值低得多的电阻,以将输入偏置电流误差减至最低。

使用 FET 输入运算放大器而非双极型器件可大幅减少输入偏置电流误差,电路必须工作于极宽温度范围时除外,后一种情况下对运算放大器输入端的电阻进行平衡处理仍不失为一种明智的预防措施。

电容值已依据最大公差进行舍入处理,由于 C_{IN2}/R_{IN2} 极点和 C_{21}/R_{12} 极点处于同一频率且两者均会影响输入带宽,因此该电容比其他情况下的单极 RC 耦合输入大 $\sqrt{2}$,选择 C_{22} 可以提供相当于输入带宽 $1/10$ 的转折频率。

1.4.3　齐纳二极管偏置

尽管分压电阻偏置电路成本较低且能使运算放大器的输出电压始终保持为 $V_S/2$,但该类运算放大器的共模抑制性能却完全取决于分压电压和阻容 RC 时间常数。通常电压偏置网络的时间常数设置为输入耦合网络阻容时间常数的 10 倍,以获得合理的共模抑制比。当偏置电阻均为 $100k\Omega$ 电阻时,只要电路带宽不是非常低,偏置网络电阻的实际值可保持在极小量值。单电源应用提供所需 $V_S/2$ 偏置的另一种方法为齐纳二极管稳压电路,具体设计如图 1.104 所示。电流通过电阻 R_Z 流向齐纳二极管;电容 C_Z 防止齐纳二极管产生的噪声馈入运算放大器,其值由参数 C_{V1} 确定;低噪声电路的 C_N 参数值通常大于 $10\mu F$,具体计算公式如下:

$$R_Z = \frac{V_S - V_Z}{I_z}, \quad BW_1 = \frac{1}{2\pi R_{IN3} C_{IN3}}, \quad BW_2 = \frac{1}{2\pi R_{31} C_{31}}, \quad BW_3 = \frac{1}{2\pi R_{L3} C_{out3}}$$

其中，$V_{OUT3}=V_{IN}(1+R_{32}/R_{31})$，$X_{C_{31}}\ll R_{31}$。选择合适的电阻 R_Z 参数值为稳压二极管提供合理偏置电流 I_Z。

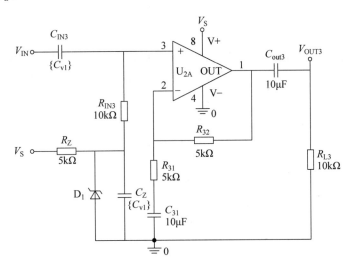

图 1.104　采用齐纳二极管偏置法的同相单电源放大器

应选择工作电压接近 $V_S/2$ 的齐纳二极管，所选电阻 R_Z 需向齐纳二极管提供足够大的电流，使其工作于稳定的额定电压之下并使其输出噪声维持较低水平，降低功耗以延长齐纳二极管的寿命也非常重要。由于运算放大器输入电流实际接近于零，因此适合选择低功耗齐纳二极管。虽然齐纳二极管最佳功率为 250mW，但更为常见的 500mW 型号也可应用，正常工作时 I_Z 通常设置为 $5\mu\text{A}\sim5\text{mA}$，以使其工作更加稳定可靠。

在齐纳二极管的工作范围之内，图 1.104 所示电路基本保证运算放大器的电源抑制特性，但是需要付出如下代价。运算放大器输出电压叠加在齐纳二极管电压之上而非 $V_S/2$，如果电源电压下降，大信号时输出电压可能出现非对称限幅，并且电路功耗增大。表 1.13 为通用齐纳二极管特性参数，为使电路噪声降至最低，应参考齐纳二极管数据手册选择最佳齐纳电流。

表 1.13　通用齐纳二极管特性参数

电源电压/V	齐纳电压/V	齐纳产品型号	齐纳电流 I_Z/mA	R_Z/kΩ
+15	7.5	1N4100	0.5	15
+15	7.5	1N4693	5	1.5
+12	6.2	1N4627	0.5	11.5
+12	6.2	1N4691	5	1.15
+9	4.3	1N4623	0.5	9.31
+9	4.3	1N4687	5	0.931
+5	2.4	1N4617	0.5	5.23
+5	2.7	1N4682	5	0.464

1.4.4　偏置电路仿真测试与对比

　　偏置仿真测试电路分别如图 1.105 所示,参数设置为:供电电源纹波幅度 V_{am} 为 2mV、2V;输入隔直电容的参数 C_{v1} 取值为 $1\mu F$、$10\mu F$。图 1.105(a)为存在不稳定因素的单电源运放偏置电路、同相 2 倍增益放大,图 1.105(b)为经去耦之后的单电源运放偏置电路、同相 2 倍增益放大,图 1.105(c)为齐纳二极管单电源运放偏置电路、同相 2 倍增益放大。

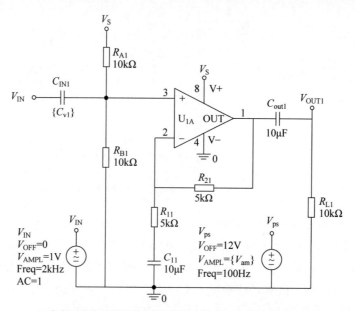

(a) 存在不稳定因素的单电源运放偏置电路、同相2倍增益放大

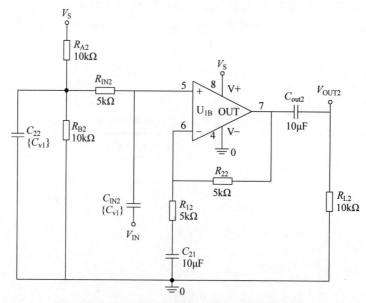

(b) 经去耦之后的单电源运放偏置电路、同相2倍增益放大

图 1.105　偏置仿真测试电路

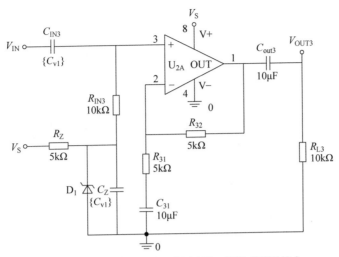

(c) 齐纳二极管单电源运放偏置电路、同相2倍增益放大

图 1.105 （续）

1. 瞬态时域仿真测试

仿真设置与测试结果分别如图 1.106～图 1.108 所示,输入信号为 1V/2kHz、供电 12VDC＋2V/100Hz,通过不同偏置和去耦电路输出电压波形对比可知齐纳二极管效果最好。

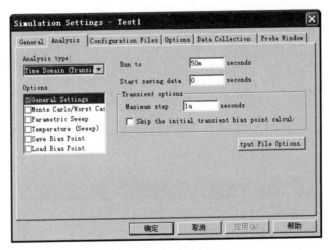

图 1.106 瞬态仿真设置

2. 交流频域仿真测试

仿真设置与测试结果分别如图 1.109 和图 1.110 所示,由输出电压频率特性曲线可知三种偏置和去耦电路频率特性非常相近。

以上主要利用同相放大电路进行理论分析与仿真测试,利用同样思路可对反相放大电路进行设计、分析与测试,希望读者能够自己独立完成——纸上得来终觉浅,绝知此事要躬行!

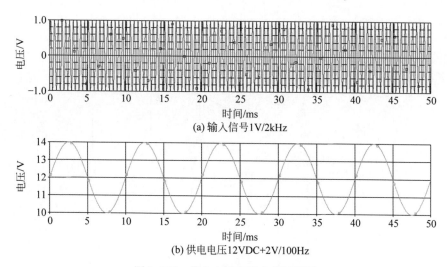

(a) 输入信号1V/2kHz

(b) 供电电压12VDC+2V/100Hz

图1.107　供电电压和输入信号波形

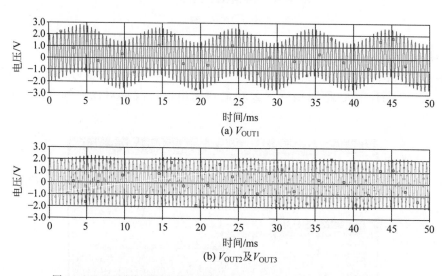

(a) V_{OUT1}

(b) V_{OUT2}及V_{OUT3}

图1.108　不同偏置和去耦电路输出电压波形：齐纳二极管效果最好

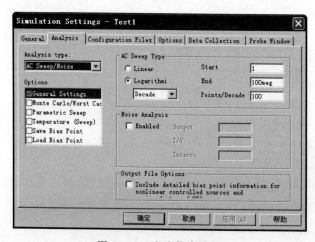

图1.109　交流仿真设置

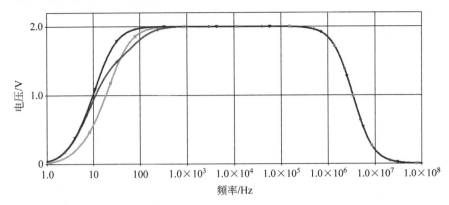

图 1.110　输出电压频率特性曲线：三种偏置和去耦电路频率特性非常相近

1.4.5　直流耦合单电源转正负双电源

工作原理分析：前面只讨论交流耦合运算放大器电路,尽管在使用足够大的输入和输出耦合电容情况下交流耦合电路可工作于 1Hz 以下,但有些应用要求名副其实的直流响应。电池供电应用允许使用"虚拟接地"电路,具体如图 1.111 所示。该方法可利用单电池提供双电源电压,包括正负接地电压。运算放大器用于缓冲分压器输出,若采用低压电池(如 3.3V),运算放大器应为"轨到轨"器件并能在该电源电压下有效工作。同时运算放大器还需提供足够大的输出电流,以便驱动负载电路。电容 C_2 对于分压器起到旁路功能,足以防止任何电阻噪声馈入运算放大器,该电容无须提供电源抑制功能,因为负载电流直接到地,结果任何信号电流从电池两端均等流出,选择电阻 R_A 和 R_B 以提供所需基准电压。

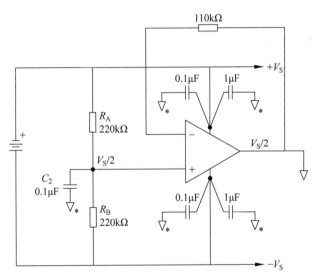

图 1.111　利用运放实现电池供电正负转换

1. 利用运放宏模型对电路工作性能进行测试

1) 正常工作时仿真测试分析

具体电路如图 1.112 所示,其中,负载基准电阻 $R_{Lv} = 5\text{k}\Omega$,正负供电负载与基准比例

Ratio 分别为 1、10，V_P 为输出正电压，V_B 为电池电压。测试主要分析：①GND 与 0 网络在初始计算时的差别；②负载电流对 0 的影响、运放宏模型的算法；③电压和电流同时测试——查找故障原因；④运放宏模型为有源模型，内部具有 0 节点，能够与 0 形成回路——问题根源；⑤修改 R_A 与 R_B 电阻比例，以改变正负输出电压值。仿真设置、测试波形分别如图 1.113～图 1.116 所示。

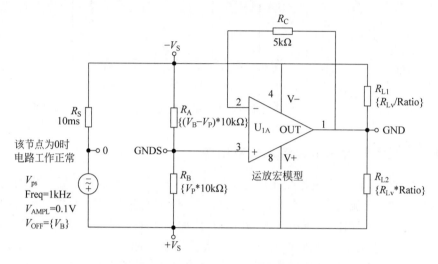

图 1.112　正常工作时的仿真测试电路

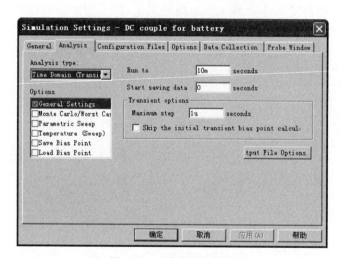

图 1.113　瞬态仿真设置

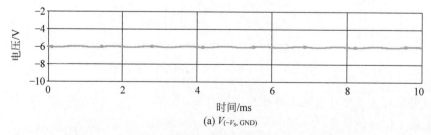

(a) $V_{(-V_S, \text{GND})}$

图 1.114　正常工作时的输出电压波形：±6V，与设置值一致

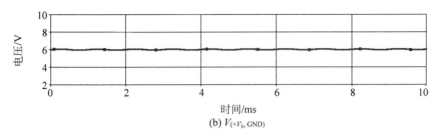

(b) $V_{(+V_s, \text{GND})}$

图 1.114 （续）

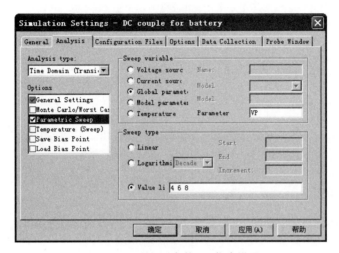

图 1.115 正电压参数 V_P 仿真设置

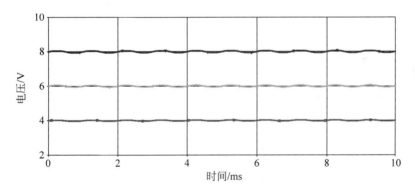

图 1.116 $V_{(+V_s, \text{GND})}$ 输出电压波形——与设置值一致

运放供电电流与输出电流波形如图 1.117 所示：正常工作时三电流和应该为 0，但是仿真时三电流和不为 0，主要因为运放宏模型内部有 0 节点，与电路中的 0 节点构成回路，所以使得仿真结果出现误差或错误。

2）电路异常时的仿真测试分析

测试电路如图 1.112 所示，但电路中的 GND 与 0 节点交换。图 1.118 和图 1.119 分别为输出电压和运放供电电流与输出电流波形——运放正负供电电流相等，但是输出电流非常大、限流，所以运放内部包含有源元件，又因为运放宏模型内部具有 0 节点，与电路中的 0 节点构成回路，所以使得仿真结果出现误差或错误。

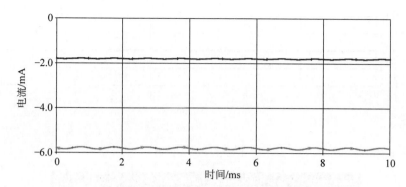

图 1.117 运放供电电流与输出电流波形

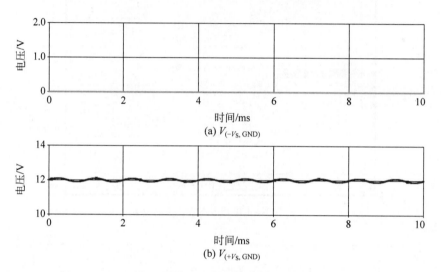

(a) $V_{(-V_S, GND)}$

(b) $V_{(+V_S, GND)}$

图 1.118 不正常工作时的输出电压波形：$+V_S = 12V$、$-V_S = 0$

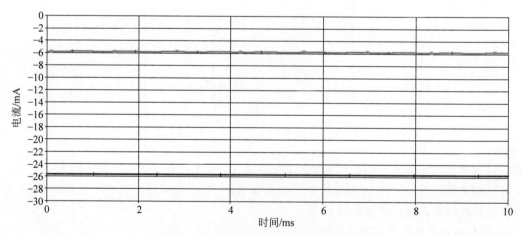

图 1.119 运放供电电流与输出电流波形

宏模型测试电路总结：仿真时只将节点 0 和 GND 交换就能得到正确和错误的波形和数据，所以跟 PSpice 仿真模型和算法有关；对于特殊运放电路，0 节点的放置非常重要，宏模型内部 0 节点和有源器件对运放输出电流产生影响，使得仿真结果和数据产生误差和错误。

2. 利用运放物理模型对电路正常工作性能进行测试

1) 电路仿真正常时的测试分析

具体电路如图1.120(a)所示,其中,负载基准电阻 $R_{Lv}=5\text{k}\Omega$;正负供电负载与基准比例 Ratio 分别为1、10;输出正电压 $V_P=6\text{V}$;电池电压 $V_B=12\text{V}$。运放宏模型内部具有有源器件,能够自己输出能量。图1.120(b)所示的物理模型没有能量输出源,仿真更加符合实际。修改 R_A 与 R_B 电阻比例可以改变正负输出电压值。仿真设置、测试波形分别如图1.121～图1.126所示。

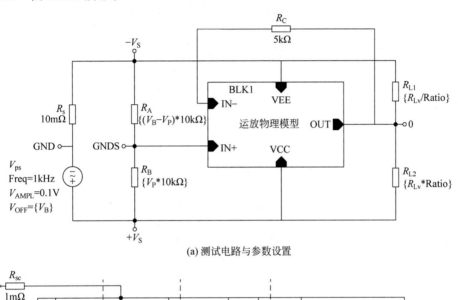

(a) 测试电路与参数设置

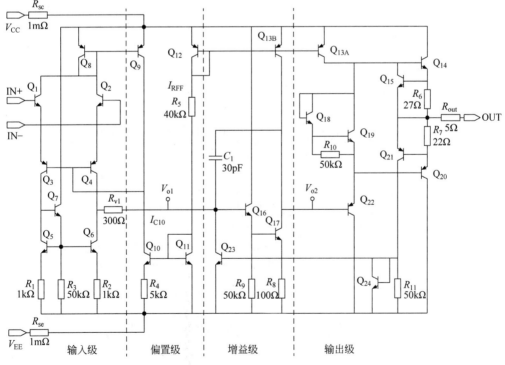

(b) 运放物理模型

图1.120 正常工作时的仿真测试电路和运放物理模型

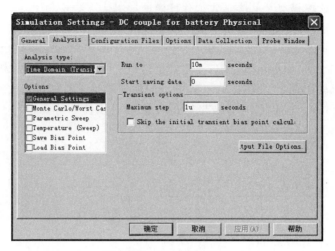

图 1.121　瞬态仿真设置

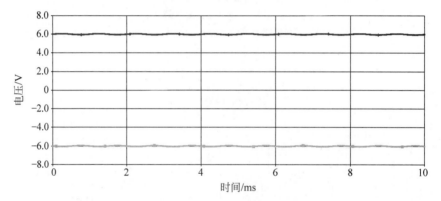

图 1.122　正常工作时的输出电压波形：±6V,与设置值一致

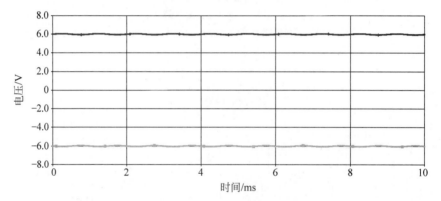

图 1.123　正电压参数 V_P 仿真设置

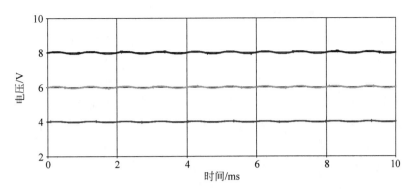

图 1.124 V_{+V_S} 输出电压波形与设置值一致，Ratio＝2

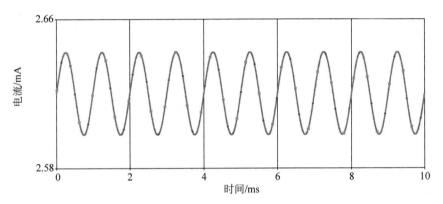

图 1.125 $V_P＝6V$、Ratio＝2 时的电流波形

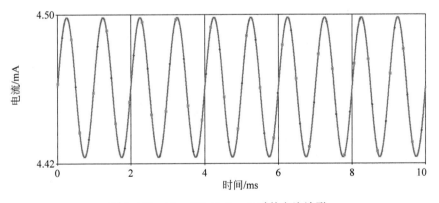

图 1.126 $V_P＝8V$、Ratio＝5 时的电流波形

运放物理模型测试电路总结：运放供电电流与输出电流波形如图 1.126 所示——运放 V_{CC} 正供电电流 $I_{(BLK1.Rse)}$ 与运放负供电电流和运放输出电流之和的相反数 $-(I_{(BLK1.Rout)}+I_{(BLK1.Rse)})$ 完全一致，所以仿真电压波形与理论分析相同——实际运放物理模型的准确性。

2) 噪声分析

某些运算电路需要使用低噪声放大器，而低噪声放大器电路则要求信号通道具有低电阻值。由约翰逊电阻噪声可知特定阻值的噪声等于 4nV 与电阻值(单位 kΩ)平方根之积，

尽管 $1\text{k}\Omega$ 电阻的约翰逊噪声仅为 $4\text{nV}/\sqrt{\text{Hz}}$，但 $20\text{k}\Omega$ 电阻为 $18\text{nV}/\sqrt{\text{Hz}}$，$100\text{k}\Omega$ 电阻更是高达 $40\text{nV}/\sqrt{\text{Hz}}$。即使通过电容将偏置分压电阻旁路至地，该电阻也会对运算放大器反馈电阻的最小值形成限制：阻值越大，约翰逊噪声越大。因此低噪声应用时所选运算放大器的偏置电阻值需远小于此处的 $100\text{k}\Omega$，但是分压电阻值越低，电源电流越高、电池寿命越短。

齐纳二极管偏置电路可在未使用大阻值电阻时提供 $V_S/2$ 偏置电压，只要对齐纳二极管进行旁路滤波即可，使其噪声不进入电路，噪声和电源电流均可维持于低位。

3）电路开启时间测试

频域与时域的统一：带宽越宽则过冲越大、带宽越低则无过冲。电路开启时间近似等于最低带宽滤波器的 RC 时间常数，本节全部电路要求偏置分压电阻及其滤波电容构成的 RC 网络时间常数比输入或输出电路的时间常数大 10 倍。此外大时间常数有助于防止偏置网络在运算放大器的输入和输出网络之前"开启"，使得运算放大器输出电压逐渐从 0V 升至 $V_S/2$，而非到达电源上轨。图 1.127 所示同相放大电路的输入、输出阻容网络的时间常数 $RC=5\text{k}\Omega\times C_{v1}$，直流偏置网络的时间常数 $RC=(R_A /\!\!/ R_B)\times(C_{v1}\times\text{Ratio})=5\text{k}\Omega\times C_{v1}\times\text{Ratio}$，从而改变电容比例 Ratio 就能调节偏置网络与输入和输出网络的时间常数，为保证电路进入稳态时输入信号 VIN 才起作用，特将输入信号通过开关 S_1 延时之后再接通，具体电路如图 1.129 所示，其中参数 $V_{am}=2\mu\text{V}$，表示供电电源纹波幅度；$C_{v1}=1\mu\text{F}$，表示输入、输出电容；Ratio 为偏置电容与输入、输出电容比例。瞬态仿真设置如图 1.128 所示。

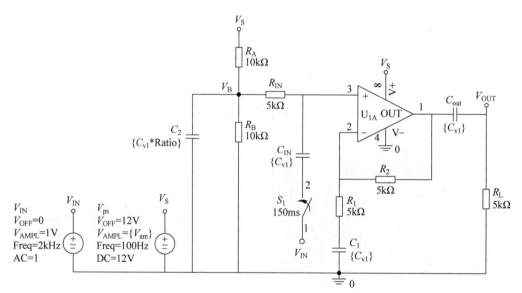

图 1.127　测试电路与参数设置

（1）测试 1——Ratio＝0.1。偏置分压电路时间常数为输入、输出电路时间常数的 1/10，即二者带宽之比为 10，当输入和输出阻容网络还未稳定时偏置电压已经达到最大，测试波形如图 1.129 和图 1.130 所示，启动时输出电压出现巨大过冲，因为开机时 C_1 和 C_{out} 相对于 C_2 等效为短路，此时电路实现 2 倍同相放大功能，随着 C_2 电压的升高输出电压逐渐增大，直至达到上轨电压。稳态时 C_{out} 将直流电压隔离，输出信号为输入信号的 2 倍并且相位一致。

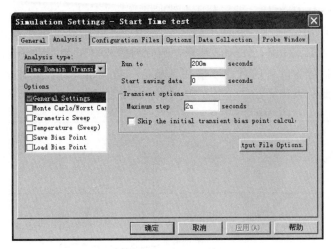

图 1.128 瞬态仿真设置

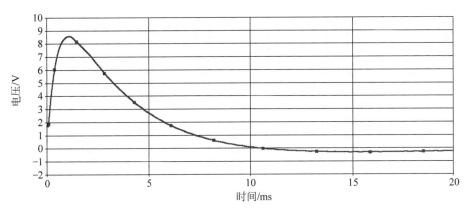

图 1.129 Ratio=0.1 时的输出电压启动波形

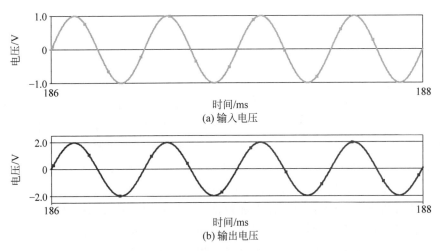

(a) 输入电压

(b) 输出电压

图 1.130 Ratio=0.1 电路稳态时的输入、输出电压波形

（2）测试 2——Ratio＝10。偏置分压电路时间常数为输入、输出电路时间常数的 10 倍，即二者带宽之比为 1/10，当输入和输出阻容网络稳定之后偏置电压才慢慢上升，所以系统稳定，测试波形如图 1.131 和图 1.132 所示。启动时输出电压无过冲出现，稳态时 C_{out} 将直流电压隔离，输出信号为输入信号的 2 倍并且相位一致。当 $-3dB$ 低频带宽极低时电路开启时间可能极长，此时采用齐纳二极管偏置可能是更好选择。

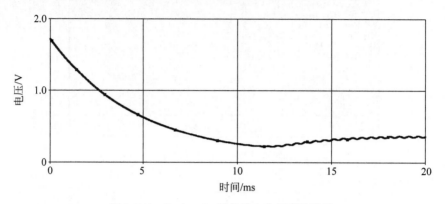

图 1.131　Ratio＝10 时的输出电压启动波形

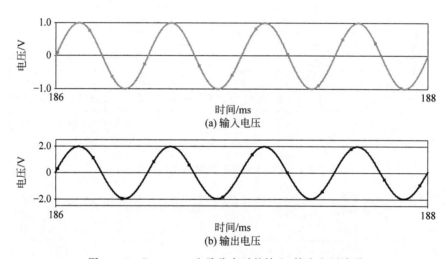

图 1.132　Ratio＝10 电路稳态时的输入、输出电压波形

比例系数 Ratio 不同时测试偏置电路特性，具体测试电路和仿真设置分别如图 1.133 和图 1.134 所示。图 1.135 中 V_{BAC} 为偏置电压频率特性曲线，Ratio＝0.1 时存在约 0.5V 交流峰值电压，对应时域过冲；而 Ratio＝10 时交流电压幅值大大降低而且平坦，对应时域平稳过渡无过冲。通过时域分析与频域分析对比可得频域存在具大峰值则时域过冲严重。

本节总结：对特殊电路进行分析时首先测试模型的正确性，当仿真与实际测试不相符时一定要仔细分析原因，当测试电压波形和数据不能解决问题时就测试电流波形和数据，很多时候电流能够体现更多问题，因为有源器件能够提供电流从而输出能量，使得仿真结果与测试不同。山过不来我们人就过去，思想有多远我们就能仿多远，碰到问题的时候也是我们能力提高的时候。

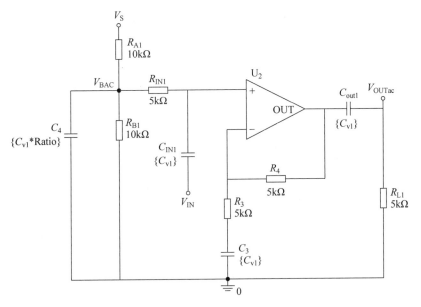

图 1.133 交流测试电路

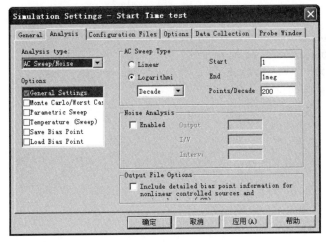

图 1.134 交流仿真设置

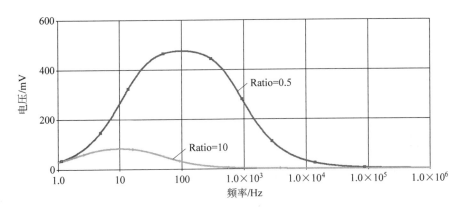

图 1.135 V_{BAC} 偏置电压频率特性曲线

1.5　附录——主要元件模型

1. TL072 宏模型子电路语句

```
* (REV N/A)        SUPPLY VOLTAGE: + / - 15V
* CONNECTIONS:      NON - INVERTING INPUT
*                    | INVERTING INPUT
*                    | | POSITIVE POWER SUPPLY
*                    | ·| | NEGATIVE POWER SUPPLY
*                    | | | | OUTPUT
*                    | | | | |
.SUBCKT TL072/301/TI  1  2  3  4  5
  C1   11 12 3.498E - 12
  C2    6  7 15.00E - 12
  DC    5 53 DX
  DE   54  5 DX
  DLP  90 91 DX
  DLN  92 90 DX
  DP    4  3 DX
  EGND 99  0 POLY(2) (3,0) (4,0) 0 .5 .5
  FB    7 99 POLY(5) VB VC VE VLP VLN 0 4.715E6 - 5E6 5E6 5E6 - 5E6
  GA    6  0 11 12 282.7E - 6
  GCM   0  6 10 99 8.942E - 9
  ISS   3 10 DC 195.0E - 6
  HLIM 90  0 VLIM 1K
  J1   11  2 10 JX
  J2   12  1 10 JX
  R2    6  9 100.0E3
  RD1   4 11 3.536E3
  RD2   4 12 3.536E3
  RO1   8  5 150
  RO2   7 99 150
  RP    3  4 2.143E3
  RSS  10 99 1.026E6
  VB    9  0 DC 0
  VC    3 53 DC 2.200
  VE   54  4 DC 2.200
  VLIM  7  8 DC 0
  VLP  91  0 DC 25
  VLN   0 92 DC 25
.MODEL DX D( IS = 800.0E - 18)
.MODEL JX PJF( IS = 15.00E - 12 BETA = 270.1E - 6 VTO = - 1)
.ENDS
```

2. 运放纯物理模型元器件 lib

.model dbreak d N = 0.01 bv = 6.1

.model D1N4148　D(Is = 1E − 14 Bv = 200)

.model db1 d (Is = 2.682n N = 1.836 Rs = .5664 Ikf = 44.17m Xti = 3 Eg = 1.11 Cjo = 4p M = .3333
Vj = .5 Fc = .5 Isr = 1.565n Nr = 2 Bv = 100 Ibv = 100u Tt = 11.54n)

.model Qbf4 PNP bf = 50 IS = 3E − 14

.model Qbf3 NPN bf = 50 IS = 3E − 14

.model Qbf2 PNP bf = 200 is = 1E − 14

.model Qbf1 NPN bf = 200 is = 1E − 14

第2章

测量电路分析与设计

本章首先以 RC 积分电路为例分析测量指标的定义和计算公式,并且通过瞬态和交流测试验证时域和频域的统一;然后进行速度测量电路系统分析与设计;最后讲解高级测量技术,包括地线问题、感应噪声、差分测量和浮动测量,使得测量数据更加精确和稳定。

2.1 RC 积分电路测试

2.1.1 上升沿和带宽计算

BW 为 RC 电路带宽、T_{rv} 为脉冲激励 RC 电路时电容 C_1 两端输出电压上升沿时间$\Big($此时输入激励源的上升沿时间 T_{rf} 需要足够快,至少比 $2.2R_1C_1$ 快 5 倍,即 $T_{rf} \leqslant \dfrac{2.2R_1C_1}{5}\Big)$。$RC$ 电路带宽为

$$\text{BW} = \frac{1}{2\pi R_1 C_1} = \frac{0.35}{T_{rv}}$$

RC 电路输出上升沿时间 $T_{rv} = 0.35 \times 2\pi \times R_1 C_1 = 2.2 R_1 C_1$。具体测试电路如图 2.1 所示,$T_{rf} = 2\mu s$,$T_{rv} = 20\mu s$。

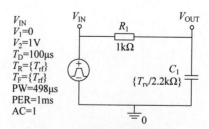

图 2.1　瞬态测试电路

2.1.2 RC 电路仿真测试

1. 瞬态上升沿测试

RC 瞬态测试电路仿真设置与波形数据分别如图 2.2～图 2.4 所示,输出波形上升沿 $10\%\sim90\%$ 的时间为 $20.02\mu s$,与设置值 $T_{rv}=20\mu s$ 基本完全一致。

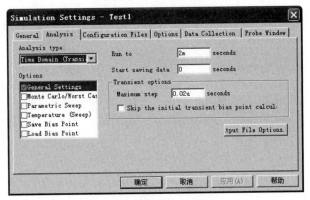

图 2.2　瞬态仿真设置

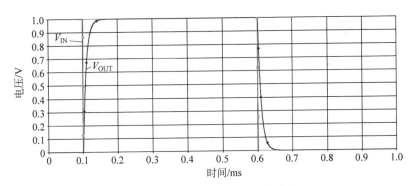

图 2.3　单周期输入/输出电压波形

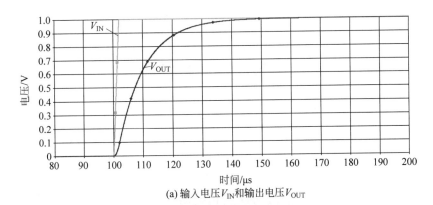

(a) 输入电压 V_{IN} 和输出电压 V_{OUT}

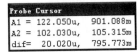

(b) 测试数据

图 2.4　上升沿放大波形与测试数据

2. 交流带宽测试

RC 电路的上升沿时间设置为 $T_{rv}=20\mu s$，所以带宽计算值 $\mathrm{BW}=\dfrac{0.35}{T_{rv}}=\dfrac{0.35}{20\mu}=17.5\mathrm{kHz}$，交流仿真设置与波形数据分别如图 2.5 和图 2.6 所示，$-3\mathrm{dB}$ 带宽仿真值为 $17.52\mathrm{kHz}$，与计算值 $17.5\mathrm{kHz}$ 基本一致。

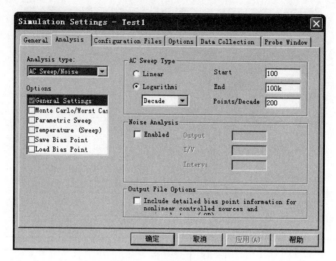

图 2.5　交流仿真设置

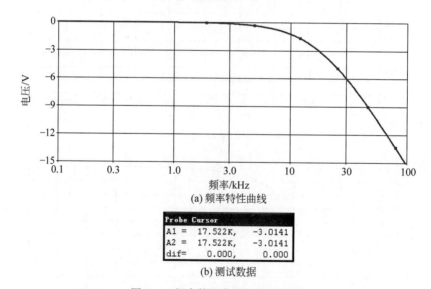

图 2.6　频率特性曲线与测试数据

3. 输入信号上升沿对输出信号上升沿的影响测试

对 RC 电路进行瞬态测试，输入信号上升沿时间分别为 $2\mu s$、$4\mu s$、$10\mu s$ 和 $20\mu s$，RC 电路的上升沿时间 $T_{rv}=20\mu s$；仿真设置、仿真波形与测试数据分别如图 2.7～图 2.9 所示，$T_{rf}=2\mu s$、$4\mu s$ 时，即 $T_{rf}\leqslant T_{rv}/5$ 时输出电压上升沿主要由 RC 电路决定，而与输入信号上升沿无关。$T_{rf}=10\mu s$、$20\mu s$ 即 $T_{rf}\geqslant T_{rv}/5$ 时，输出电压上升沿由 RC 和输入信号上升沿联合决定。

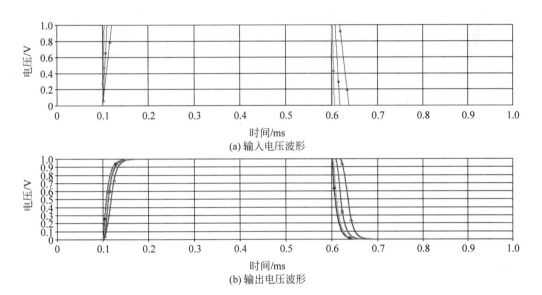

图 2.7　T_{rf} 参数设置

图 2.8　单周期输入/输出电压波形

备注：当输入脉冲信号的上升沿和 RC 电路的上升沿同为 $20\mu s$ 时的输出电压上升沿约为 $25.9\mu s$，与计算值 $20\times\sqrt{2}\approx28.28\mu s$ 存在约 8.4% 的误差，该误差主要由于输入信号的上升沿 T_{rf} 对应脉冲信号源上升沿的 100%，而计算公式中的上升沿对应 $10\%\sim90\%$，所以产生了误差，故将仿真电路与计算公式设置的一致，测试电路、仿真波形和数据分别如图 2.10～图 2.12 所示，输出电压上升沿 $10\%\sim90\%$ 的仿真数据约为 $T_{rf}\approx28.4\mu s$，与计算值 $28.28\mu s$ 的误差约为 0.42%，优于 0.5%，仿真与计算基本完全一致。

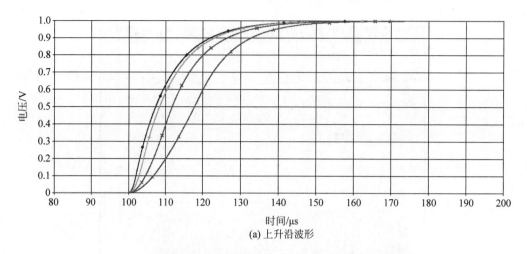

(a) 上升沿波形

Probe Cursor			Probe Cursor		
A1 =	122.050u,	901.088m	A1 =	122.970u,	899.385m
A2 =	102.030u,	105.315m	A2 =	102.850u,	100.875m
dif=	20.020u,	795.773m	dif=	20.120u,	798.510m

(b) T_{rf}=2μs、4μs时输出电压上升沿相同——约为20μs

Probe Cursor			Probe Cursor		
A1 =	126.430u,	900.480m	A1 =	132.670u,	899.482m
A2 =	104.590u,	98.606m	A2 =	106.750u,	98.761m
dif=	21.840u,	801.874m	dif=	25.920u,	800.721m

(c) T_{rf}=10μs时输出电压上升沿约为21.8μs，T_{rf}=20μs时输出电压上升沿约为25.9μs

图 2.9　输出电压上升沿放大波形与测试数据

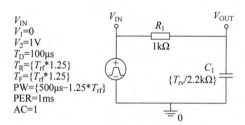

图 2.10　仿真测试电路

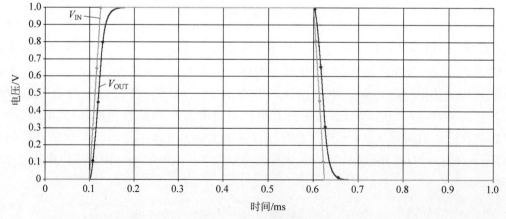

图 2.11　单周期波形

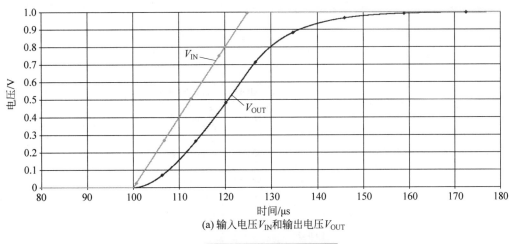

(a) 输入电压 V_{IN} 和输出电压 V_{OUT}

Probe Cursor		
A1 =	136.110u,	899.720m
A2 =	107.722u,	100.754m
dif=	28.388u,	798.966m

(b) 测试数据

图 2.12　上升沿放大波形与测试数据：$T_{rf} \approx 28.4\mu s$

2.2　速度测量电路

2.2.1　速度测量电路工作原理分析与仿真验证

速度测量电路由差分放大和反相放大构成，采用 5V 直流电源供电，V_{IN} 为模拟输入信号，主芯片为 LMV772MA，具体电路如图 2.13 所示。

直流分析＋灵敏度分析：直流分析时电容开路，将输入信号等效为直流源测试电路增益、直流工作点和器件对输出电压的灵敏度；理想增益——差分放大增益为 0.5，反相放大增益为 10，总增益为 5。

1. 输入信号 $V_{IN}=0$ 时，测试输出偏置电压和灵敏器件

输入信号 $V_{IN}=0$ 时，输出偏置电压为 2.5V，仿真设置、输出电压波形如图 2.14 和图 2.15 所示。

$V_{IN}=0$ 时 Max(V_{SPEED})灵敏度分析结果如图 2.16 所示，R_6 和 R_8 对直流偏置电压最敏感，通过调节两电阻值改变偏置电压。

$V_{IN}=0.2$ 时 Max(V_{SPEED})灵敏度分析结果如图 2.17 所示，除 R_6 和 R_8 之外，R_5 和 R_7 最敏感，然后为 $R_1 \sim R_4$。所以设置增益时 $R_1 \sim R_4$ 需要相互一致以满足温度变化特性。调节 R_5 和 R_7 以满足增益精度。

2. 输入信号 V_{IN} 线性变化时测试电路增益

测试输入电压从 -0.2V 线性增大到 0.2V 时的输出电压特性，具体仿真设置与测试波形分别如图 2.18 和图 2.19 所示。

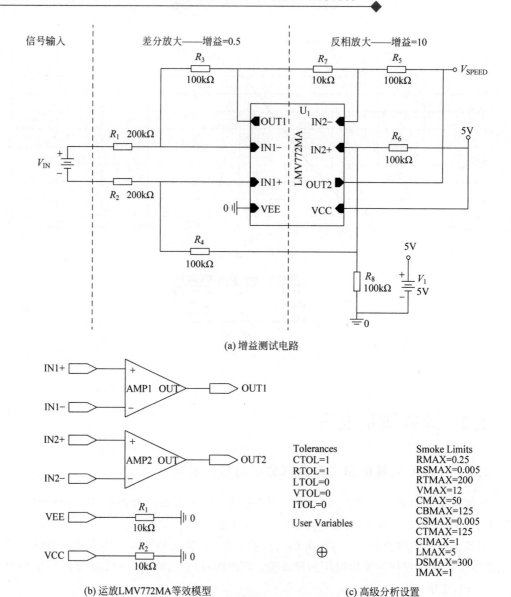

(a) 增益测试电路

(b) 运放LMV772MA等效模型

(c) 高级分析设置

图 2.13　直流测试电路

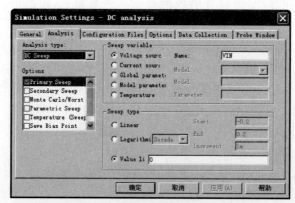

图 2.14　直流仿真设置 $V_{IN}=0$

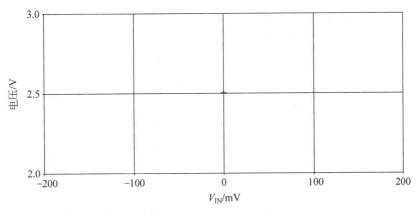

图 2.15　输出电压波形

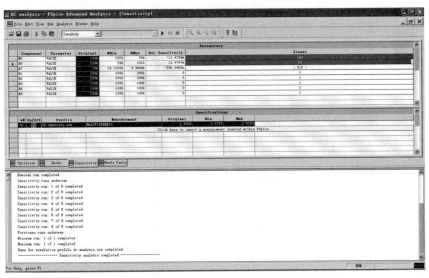

图 2.16　$V_{IN}=0$ 时 Max(V_{SPEED})灵敏度分析结果

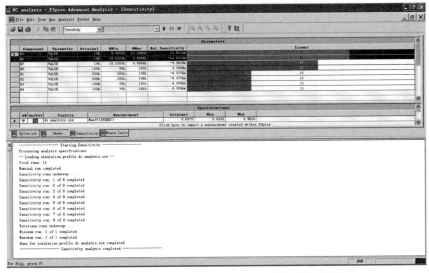

图 2.17　$V_{IN}=0.2V$ 时 Max(V_{SPEED})灵敏度分析结果

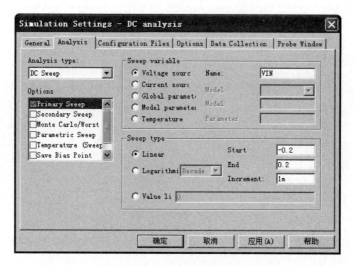

图 2.18　V_{IN} 直流仿真设置

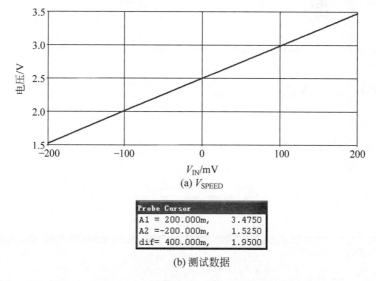

(a) V_{SPEED}

Probe Cursor	
A1 = 200.000m,	3.4750
A2 =-200.000m,	1.5250
dif= 400.000m,	1.9500

(b) 测试数据

图 2.19　$R_6 = R_8 = 100\text{k}\Omega$ 时,输出电压波形与测试数据

　　输入电压增大 0.4V、输出电压增大 1.95V、增益 GAIN$=4.875$,与理想增益 5 的误差为 2.5%,该误差主要由 R_6 和 R_8 引起,使得差分放大增益产生偏差(R_6 和 R_8 的并联电阻与 R_4 串联构成反馈回路),改变差分电阻比值,所以产生误差,通过降低 R_6 和 R_8 的阻值可以减小该误差,$R_6 = R_8 = 10\text{k}\Omega$ 时的输出电压波形数据如图 2.20 所示。输入电压增大 0.4V、输出电压增大 1.995V、增益 GAIN$=4.987$,与理想增益 5 的误差约为 0.26%,与 $100\text{k}\Omega$ 阻值相比误差降低一个量级;时域瞬态分析时 R_8 与 $1\mu\text{F}$ 电容并联,当输入信号为交流时 R_8 相当于短路,所以 R_8 的阻值对输入交流信号的放大精度无影响。

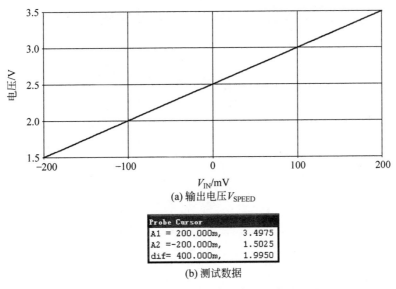

(a) 输出电压 V_{SPEED}

Probe Cursor	
A1 = 200.000m,	3.4975
A2 =-200.000m,	1.5025
dif= 400.000m,	1.9950

(b) 测试数据

图 2.20 $R_6 = R_8 = 10\text{k}\Omega$ 时,输出电压波形与测试数据

2.2.2 速度测量电路时域分析

对速度测量电路进行时域分析,具体电路、仿真设置、测试波形和数据分别如图 2.21～图 2.23 所示。利用隔直电容 C_1、C_2 对输入信号进行交流耦合,电容 C_3 对偏置电压进行交流短路,使得交流放大倍数精度提高。当输入信号为 0.2V/1kHz 交流电压时,输出电压与输入同相,最大值 3.499V、最小值 1.499V,同相放大倍数 1.9999/0.4＝5,与理论计算值非常一致。

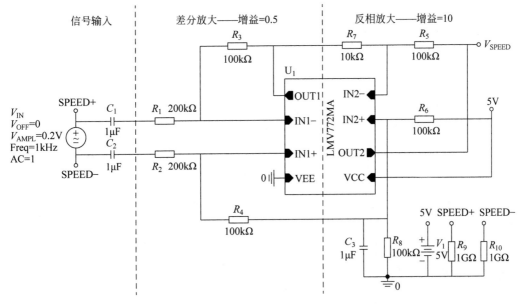

图 2.21 时域分析电路

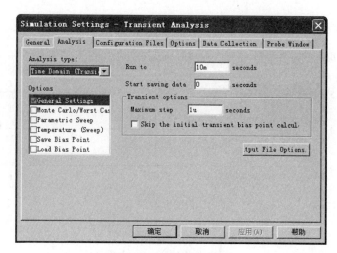

图 2.22   时域仿真设置

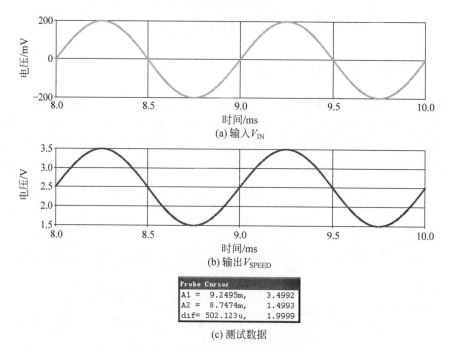

(a) 输入 V_{IN}

(b) 输出 V_{SPEED}

Probe Cursor		
A1 =	9.2495m,	3.4992
A2 =	8.7474m,	1.4993
dif=	502.123u,	1.9999

(c) 测试数据

图 2.23   输入、输出波形和测试数据

2.2.3   速度测量电路交流分析

对速度测量电路进行交流频域测试,交流仿真设置、测试波形与数据分别如图 2.24 和图 2.25 所示。当输入信号频率低于 10Hz 时放大电路开始产生误差。由于所用运放为理想运放,无频带限制,所以输出电压频域波形类似于高通滤波器,当频率大于约 0.837Hz 时增益误差优于 −3dB,如果为实际运放高频将受到限制,输出电压频域波形类似于带通滤波器。

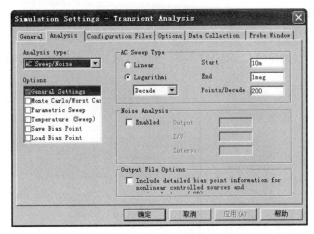

图 2.24 交流仿真设置

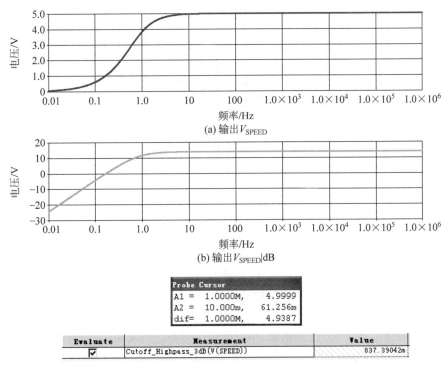

(a) 输出 V_{SPEED}

(b) 输出 $V_{\text{SPEED}}|\text{dB}$

Probe Cursor		
A1 =	1.0000M,	4.9999
A2 =	10.000m,	61.256m
dif=	1.0000M,	4.9387

Evaluate	Measurement	Value
☑	Cutoff_Highpass_3dB(V(SPEED))	837.39042m

(c) 测试数据

图 2.25 输出电压波形与测试数据

2.3 高级测量技术

2.3.1 地线问题

地线问题处理：示波器系统带宽一定高于探头所处理信号的高频含量对应的频率值，测量快速信号时探头接地线应该尽可能短，产品设计师应该注意产品可测性，利用 ECB 探头适配器或使用有源 FET 探头对其进行测量,因为有源探头具有高输入阻抗和极低输入电容(经常小于 1pF),具体如图 2.26 和图 2.27 所示。在输入同一信号的条件下,不同的地线长度可对测量波形产生不同的影响,图 2.27 中所示为从上到下地线长度依次是 1/2in、6in、12in 时的测量波形。

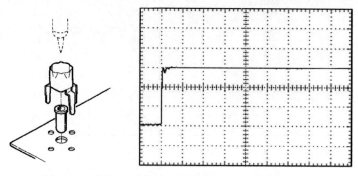

图 2.26   典型 ECB 探头适配器和 1ns 上升沿阶跃波形

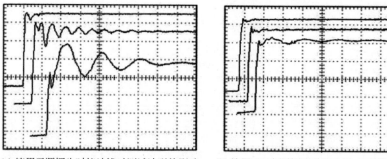

(a) 使用无源探头时接地线对测试波形的影响   (b) 使用 FET 有源探头时接地线对测试波形的影响

图 2.27   有源探头和无源探头地线作用实例

噪声注入接地系统可能由于在地回路系统中示波器公共点及测试电路电源地线及探头电缆线、地线之间存在不必要的电流流动,通常该类测试点电位应为零,并且没有地电流流动。如果示波器和测试电路建立在不同建筑物地系统之上就有可能存在微小电压差,或者其中一个建筑物地系统上存在噪声,结果形成电压降,电流将通过探头地外部屏蔽流动,该噪声电压将通过探头与信号一起串联注入示波器,因此波形上将会出现噪声,或者波形可能由于噪声产生阻尼振荡。随着**地回路噪声**的注入,噪声通常为交流电频率噪声(50Hz),具体如图 2.28 所示。

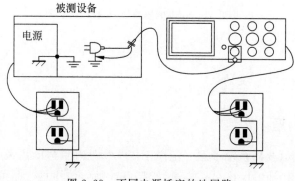

图 2.28   不同电源插座的地回路

　　解决地回路噪声的具体方法有：示波器及被测电路使用同一电源地从而使接地回路最小化，探头和电缆远离串扰源，尤其不能允许探头电缆线越过或并排于电源电缆线；使用地隔离监视器，对测试电路或示波器使用电源隔离变压器、隔离放大器，将示波器探头与示波器隔离，使用差分探头进行测量以抑制共模噪声，但是无论如何都不能破坏示波器三线的接地供电系统。

2.3.2　感应噪声

　　噪声直接被感应进入探头地线，通常探头接地线类似单圈天线，该天线对于逻辑电路或快速变换信号相对容易受到电磁干扰，探头地线放置于靠近被测电路板的某个区域例如时钟，地线可能感应到该信号。感应噪声与地回路噪声的区别：四处移动探头接地线，噪声电平变化即为感应噪声，探头与探头地线短接形成回路天线感应到强辐射噪声，具体如图 2.29 所示。使地线远离被测板上的噪声源或使用更短的地线可以解决感应噪声问题。

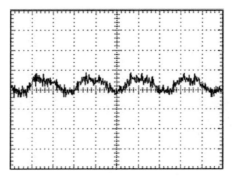

图 2.29　探头接地线回路(探头尖短接地线夹钳)
感应电路板信号而产生的噪声

2.3.3　差分测量

　　本质上所有测量均为差分测量，标准信号测量中探头连接信号点、探头地连接电路地——实际上就是在测试点与地之间的差分测量，此时存在两根信号线——地信号线和测试信号线。真正的差分测量包括两根信号线，每根均高于地电压，使用差分放大器将两根信号线(双端信号源)以代数方式相加到接地参考的一根信号线中(单端信号)，之后输入到示波器或者其他测试设备。也可使用特殊放大器或者利用示波器进行数学运算，每根信号线在单独通道中测量，然后两个通道进行数学运算。无论任何测量方式，共模信号抑制是差分测量质量的关键问题；差分测量电路工作原理如图 2.30 所示。

　　理想差分放大器仅对差模信号 V_{DM} 进行放大，而对共模信号 V_{CM} 完全抑制并忽略其振幅和频率，输出电压只由差模信号决定——$V_O = A_V(V_{+in} - V_{-in})$，其中 A_V 为放大器增益；V_O 是以地为参考的输出信号。差模信号为差分电压或差分模式信号，表示为 $V_{DM} = V_{+in} - V_{-in}$。共模抑制比描述抑制共模信号的能力，计算公式为 $CMRR = A_{DM}/A_{CM}$，通常采用两种表示方法——10000∶1 或者 $dB = 20\lg(A_{DM}/A_{CM})$，10000∶1 = 80dB，CMRR 随共模信号 V_{CM} 频率的增加而逐渐衰减。利用差分放大电路实现的电压测量电路和电流测量电路分别如图 2.31 和图 2.32 所示。

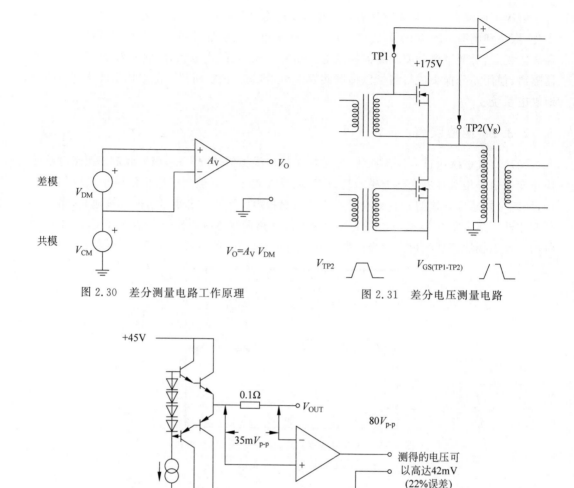

图 2.30   差分测量电路工作原理

图 2.31   差分电压测量电路

图 2.32   差分电流测量电路

通常利用多种方法减小差分测量误差。

方法 1——测量电路两输入端由同一点驱动,此时共模信号在输出端出现,然后将该信号从差分输出中减去,具体电路如图 2.33 所示。

方法 2——将两根输入导线绞合到一起,使得回路区域变得非常小,因此减少磁通量,任何感应电压都趋于被差分放大器抑制,具体电路如图 2.34 所示。

开关电源电路在范围几千赫兹至几兆赫兹的时钟频率下驱动半导体开关器件——金属氧化物场效应晶体管(MOSFET)以控制其电流变化,然而 MOSFET 没有连接到交流电源接地或电路输出地上,因为将探头地线连接到任何 MOSFET 端子上都会其通过示波器接地点短路,所以不能使用示波器进行接地参考电压测量,图 2.35 为开关电源原理简图。如何有效测量 V_{ds},即 MOSFET 的漏极和源极电压是很多工程师面对的问题,该电压最高可到几百伏甚至上千伏,如果采用示波器浮地测量,会给用户、被测设备和示波器带来危险。一般建议使用传统无源单端探头将地线相互连接并使用示波器通道匹配功能,该测量方式称为准差分测量,但是无源探头与示波器的放大器联合使用时不能完全抑制共模电压,尽管

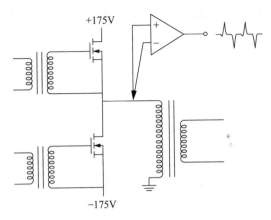

图 2.33　减小差分测量误差方法 1

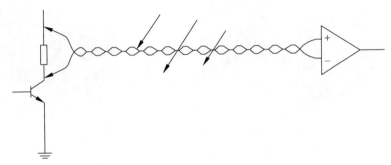

图 2.34　减小差分测量误差方法 2

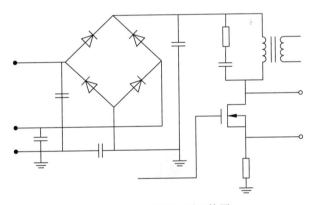

图 2.35　开关电源原理简图

工程师乐于使用该方法,但是并不能完全准确测量电压 V_{ds},强烈建议使用真正差分探头或者高压差分探头进行准确安全的测量。

2.3.4　浮动与小信号测量

1. 安全准确地测试"浮动"电压

即便示波器处于"浮动"状态,寄生电容也会形成交流分压器从而增加测量误差。探头引线将给栅极增加大于 100pF 的电容,可能会破坏电路的稳定性。将示波器公共端连接到逆变器上部的栅极可以使栅极驱动信号滞后,阻碍器件的关断并破坏输入端,通常会在工作台上出现小火花,导致系统故障。图 2.36 表明不可采用剪断示波器接地线和隔离变压器的方法进行差分测量;图 2.37 表明分布电容和电感可能产生振铃;图 2.38 说明示波器未接地时其电磁兼容性达不到设计要求,可能干扰待测电路或受到空间电磁波干扰,影响测量结果。

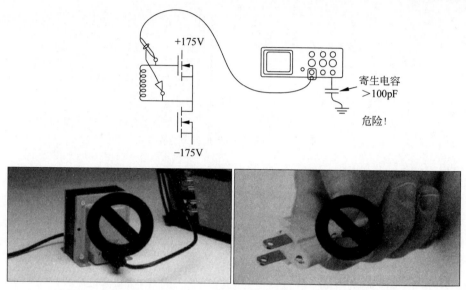

图 2.36　不可采用剪断示波器接地线和隔离变压器进行差分测量

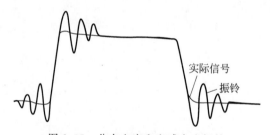

图 2.37　分布电容和电感产生振铃

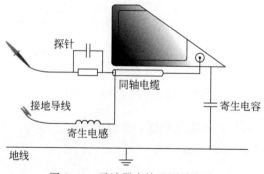

图 2.38　示波器未接地测试电路

2. 小信号测量

平均采集模式是计算用户指定采集数的每个记录点平均值。平均模式对每个单独采集都使用取样模式,使用平均模式可以减少随机噪声,计算每个采集间隔所有取样值的平均值,该模式只能用于实时、非内插取样,具体效果如图 2.39 所示。高分辨率模式提供较高分辨率、较低带宽波形;1×无源探头必须具有较高带宽及更低负载。差分前置放大器具有利用共模抑制提供噪声抗扰性和小信号放大的优点,因此提供的小信号可以在示波器敏感范围内(例如微伏级测量能力),同时该放大器也可在高噪声环境中使用。

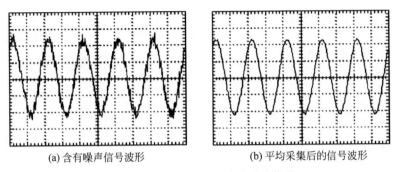

(a) 含有噪声信号波形　　　　　(b) 平均采集后的信号波形

图 2.39　信号平均能够净化噪声信号

2.4　正确选择探头

探头的选择依据包括信号类型(电压、电流、光学等)、信号频率成分(带宽)、信号上升沿时间、阻抗(R 和 C)、信号振幅(最大或最小)、测试点几何形状(引线元件、表面贴装等),具体选择可参考图 2.40。

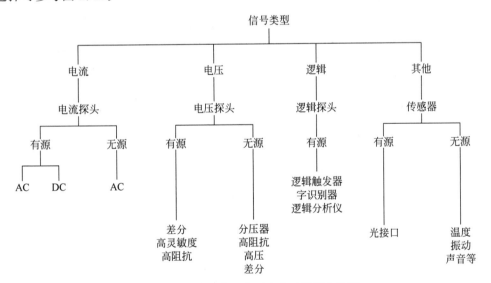

图 2.40　以待测信号类型为基础的探头类型

P6139A 为典型的无源电压探头:带宽 500MHz,电缆长 1.3m,衰减 10×,补偿电容范围 8～12pF,输入电容 8pF,输入电阻 10MΩ,输入电压 300VRMS CAT II,适用通用泰克示波器,具体配件如图 2.41 所示。

P6015A 为典型的无源高压探头：带宽 75MHz，电缆长 3m 或 7.6m，衰减 1000×，补偿电容范围 7～49pF，输入电容 3pF，输入电阻 100MΩ，输入电压 20kV(DC)/40kV(峰值、100ms 脉宽)，适用于通用泰克示波器，具体配件如图 2.41 所示。

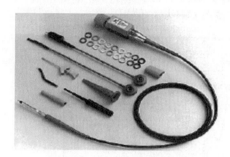

图 2.41　P6139A 无源探头

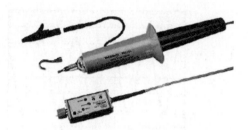

图 2.42　P6015A 无源探头

TAP1500 FET 为典型的有源探头：带宽 1.5GHz，衰减 10×，上升时间小于 267ps，输入电容小于 1pF，输入阻抗 1MΩ，线性动态范围＋8V($16V_{p-p}$)，输入直流偏置＋10V，最大输入电压＋15V(DC＋pkAC)，具体配件如图 2.43 所示。

TAP2500 FET 为另一款有源探头：带宽 2.5GHz，衰减 10×，上升时间小于 140ps，输入电容小于 0.8pF，输入阻抗 40kΩ，线性动态范围＋4V($8V_{p-p}$)，输入直流偏置＋10V，最大输入电压＋30V(DC＋pkAC)，具体配件如图 2.44 所示。

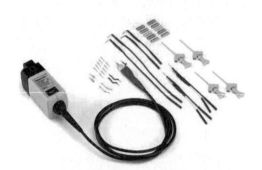

图 2.43　有源探头 TAP1500 FET

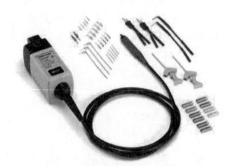

图 2.44　有源探头 TAP2500 FET

TDP1000 为典型有源差分探头：带宽 1GHz，衰减 5/50×，差分输入电容小于 1pF，差分输入阻抗 1MΩ，CMRR 大于 55dB/30kHz，CMRR 大于 50dB/1MHz，CMRR 大于 18dB/250MHz，差分最大输入电压＋42V，共模最大输入电压＋35V，具体配件如图 2.45 所示。

P5210 为典型高压差分探头：带宽 50MHz，衰减 100/1000×，差分输入电容 8pF，差分输入阻抗 8MΩ，CMRR 为 80dB/60Hz、50dB/1MHz，差分输入电压峰值 5600V，共模输入电压 2200V CAT II，具体配件如图 2.46 所示。

TekVPI(TCP0030 和 TCP0150) 为典型电流探头：带宽 120MHz，直流电流范围为 1mA 至几百安；采用分芯结构，更简便、更迅速地与被测设备连接，具体配件如图 2.47 所示。

TCPA30 电流放大器配合 TCP303/TCP305/TCP312 以及独立的 TCP202，变压器和霍尔效应技术可以增强 AC/DC 测量功能，提供从 1mA 到几千安的宽动态电流范围，具体系统如图 2.48 所示。

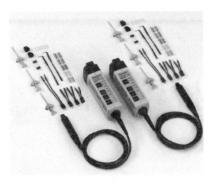

图 2.45　有源差分探头 TDP1000

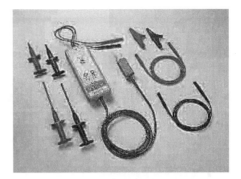

图 2.46　高压差分探头 P5210

图 2.47　电流探头 TCP0030/0150

图 2.48　TCPA30 电流放大器系统

　　ADA400A 有源差分放大器：灵敏度为 $10\mu V/div$，典型值 100dB CMRR DC-10kHz，衰减 $0.01\times$，是目前市场上最好的小信号测试系统，具体如图 2.49 所示。

　　数字逻辑探头 P6516 包含两组 16 条通道，每组 8 条通道，每组中第 1 条同轴电缆的颜色为蓝色，识别简便，探头电阻色标与波形通道颜色相对应，新型探头头部设计，标准推进式铲状连接，用于公共接地，负载 3pF，具体如图 2.50 所示。

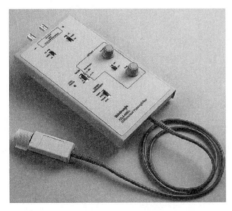

图 2.49　有源差分放大器 ADA400A

图 2.50　数字逻辑探头 P6516

第3章

电源应用电路分析与设计

本章主要讲解电源应用电路的分析与设计,包括充电器、电压转换、限流源、开关电源和线性电源;在原始电路分析透彻的基础上进行量程扩展,并对其保护功能、输入源效应和负载效应进行详细测试。

3.1 铅酸蓄电池充电器设计

3.1.1 蓄电池充电电路工作原理分析

蓄电池充电电路具体如图 3.1 所示,工作原理如下。

(1) U_{1A}、D_7、R_{13} 为充电指示电路,蓄电池充电时发光二极管 D_7 导通发光,充电停止时 D_7 截止、停止发光。R_{V1}、R_5、R_6 提供正端参考电压,该电压值很小;采样电流电压提供负端电压;蓄电池充电时 U_{1A} 的引脚 2 输出低电平,二极管 D_7 发光工作;蓄电池充电停止时 U_{1A} 的引脚 2 悬空,二极管 D_7 停止工作、不发光。

(2) U_{1B} 及附属电路实现充电电压控制。该电压值通过电阻 R_2、R_3 和 R_4 对充电电压进行采样,参考电压通过 R_{V1} 进行调节。当充电电压高于参考电压时 U_{1B} 输出低电压,蓄电池充电停止,反馈电压与输出电压关系为

$$V_{FB} = V_{OUT} \times \frac{R_4}{R_2 + R_3 + R_4} = V_{OUT} \times \frac{10}{22.2} = 0.45 V_{OUT} \tag{3.1}$$

由于二极管 D_6 和采样电阻 R_{12} 的原因,反馈电压精度将受到影响。由于充电电流恒定,R_{12} 两端电压保持恒定,二极管 D_6 导通压降也保持恒定,所以通过调节 R_{V1} 可以保证充电电压的准确度。

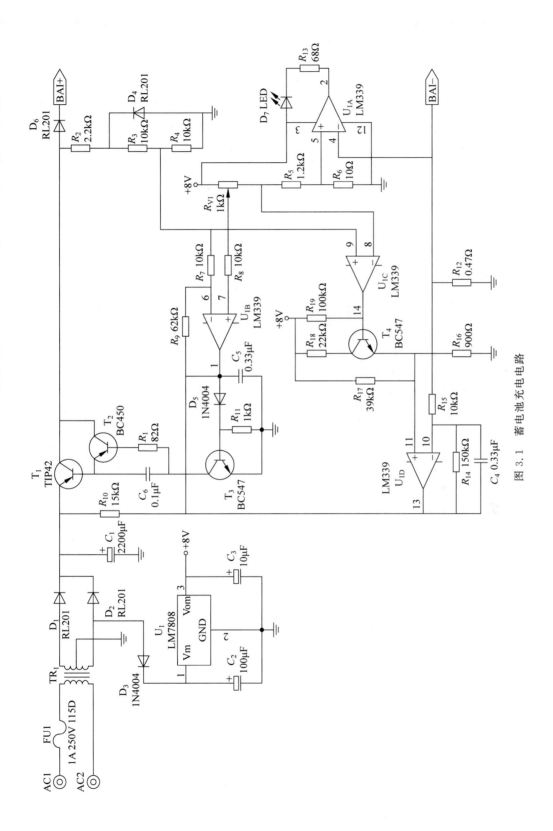

图 3.1 蓄电池充电电路

（3）U_{1C} 和 T_4 及附属电路实现充电电流参考值设置。蓄电池电压低时 U_{1C} 的引脚 14 输出低电压，U_{1D} 的引脚 11 为低电压 V_H，实现小电流充电；蓄电池电压高时 U_{1C} 的引脚 14 输出悬空，U_{1D} 的引脚 11 为高电压 V_H，实现大电流充电。R_{12} 为充电电流采样电阻。

$$V_L = 8 \times \frac{0.9}{39.9} = 0.18\text{V}, \quad V_H = 8 \times \frac{0.9}{39 \,//\, 22 \,//\, 100 + 0.9} = 0.543\text{V} \tag{3.2}$$

（4）U_{1D} 及附属电路实现恒流充电控制电路，U_{1D} 的引脚 13 输出电压用于控制电流功放电路 T_1、T_2、T_3 实现电流放大及恒流控制，电流采样电阻 $R_{12} = 0.47\Omega$ 时，有：

$$I_L = \frac{V_L}{R_{12}} = \frac{0.18}{0.47} = 0.383\text{A}, \quad I_H = \frac{V_H}{R_{12}} = \frac{0.543}{0.47} = 1.155\text{A} \tag{3.3}$$

（5）变压器 T_{R1}、D_1、D_2、C_1 实现交流 220V 交流转直流功能，为蓄电池供电。D_3、U_1、C_2、C_3 实现辅助 8V 电压源功能。

3.1.2 时域分析与测试

首先利用 PSpice 对充电电路进行瞬态仿真分析，加深对电路的理解，具体仿真电路如图 3.2 所示。具体瞬态仿真设置如下所述。

（1）**仿真时间与最大步长**：仿真时间设置取决于蓄电池充电电压设定及充电量大小，最大步长决定仿真精度及波形显示分辨率，具体设置如图 3.3 和图 3.4 所示。

（2）**Options 设置**：决定仿真精度、收敛性和仿真速度。

（3）**波形显示窗口**：设置波形显示特性和内容，正确设置能够大大提高仿真速度和波形提取速度，非常实用，具体设置如图 3.5 所示。

（4）**瞬态仿真波形复制设置**：仿真结果包括波形和数据，能够复制到 Office 软件进行后期应用和处理，具体设置如图 3.6 所示。

瞬态仿真波形如图 3.7 所示，图 3.7(a) 为充电指示灯电流波形，电流为 10mA 时蓄电池充电，电流为 0 时充电截止；图 3.7(b) 为蓄电池充电电压波形，从初始值 8.5V 充电至 16V，充电电压值通过电位器 R_{V1} 进行调节；图 3.7(c) 为充电电流波形，蓄电池电压小于 9.5V 时采用小电流 253mA 充电，大于 9.5V 时采用 1.05A 充电，充电电流与计算值存在约 0.1A 的误差：

$$I_L = \frac{V_L}{R_{12}} = \frac{0.18}{0.47} = 0.383\text{A}, I_H = \frac{V_H}{R_{12}} = \frac{0.543}{0.47} = 1.155\text{A}$$

误差主要由比较器电路决定，尤其电阻 R_{15}，但是通过系统调整参数值可以满足充电电流整体要求。

如图 3.8 所示，蓄电池充电电流参考电压波形的低压为 180mV，高压为 537mV，与计算值基本一致：

$$V_L = 8 \times \frac{0.9}{39.9} = 0.18\text{V}, V_H = 8 \times \frac{0.9}{39 \,//\, 22 \,//\, 100 + 0.9} = 0.543\text{V}$$

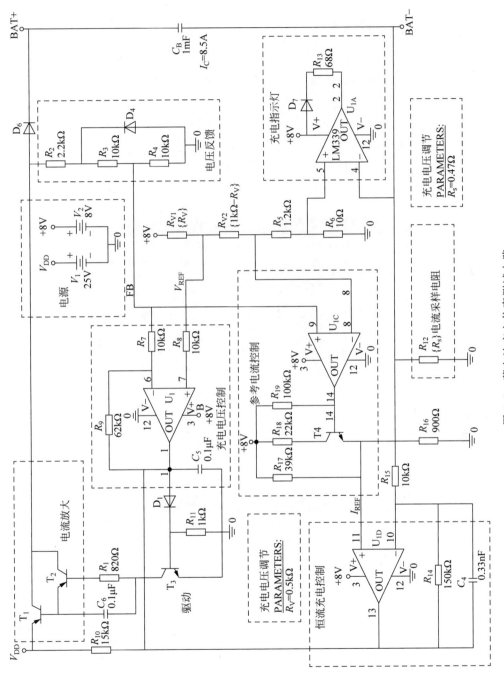

图 3.2 蓄电池充电仿真测试电路

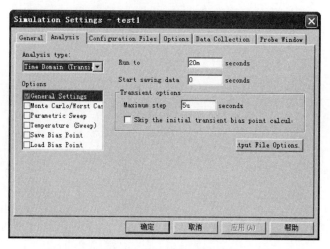

图 3.3　瞬态仿真设置

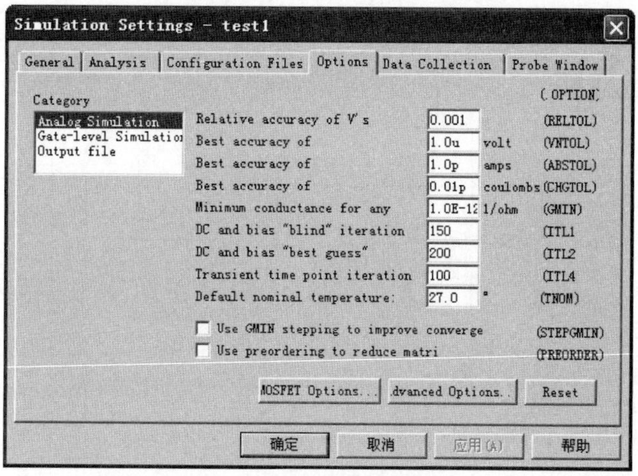

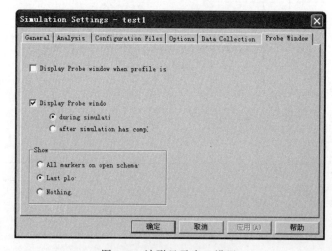

图 3.4　Options 设置

图 3.5　波形显示窗口设置

图 3.6　瞬态仿真波形复制设置

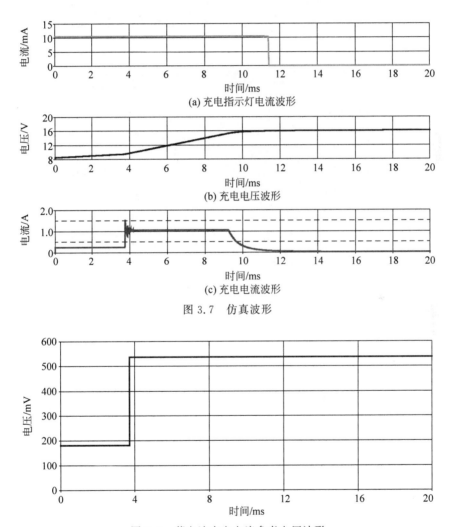

(a) 充电指示灯电流波形

(b) 充电电压波形

(c) 充电电流波形

图 3.7　仿真波形

图 3.8　蓄电池充电电流参考电压波形

3.1.3　参数分析与测试

充电瞬态仿真分析设置和电阻参数设置具体如图 3.9 和图 3.10 所示,时长为 20ms、最大步长为 $5\mu s$,当电阻参数值 R_V 分别为 $0.3k\Omega$、$0.4k\Omega$、$0.5k\Omega$ 时对电路进行仿真分析。

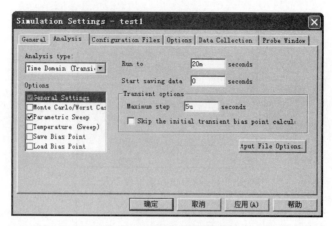

图 3.9　瞬态仿真分析设置

图 3.10　参数 R_V 设置

充电电压和充电电流波形具体如图 3.11 所示，图 3.11(a)为充电电压波形，图 3.11(b)为充电电流波形；通过设置 R_V 参数值调节蓄电池充电电压值，使得调节非常方便。

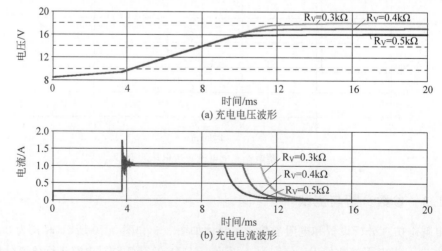

(a) 充电电压波形

(b) 充电电流波形

图 3.11　充电电压和充电电流波形

充电电流参数仿真设置及测试波形如图 3.12～图 3.14 所示,充电电流与电阻 R_s 近似成 V_H/R_s 比例关系。

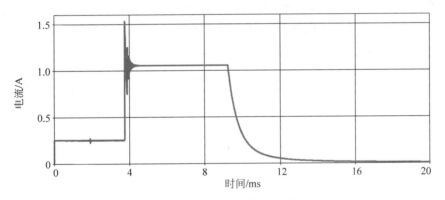

图 3.12　充电电流参数设置:通过设置采样电阻值调节充电电流

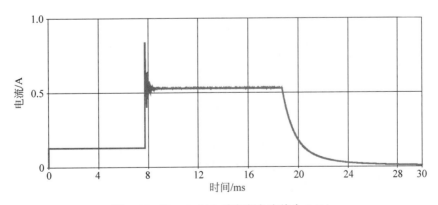

图 3.13　$R_s = 0.47\Omega$ 时充电电流约为 1A

图 3.14　$R_s = 0.94\Omega$ 时充电电流约为 0.5A

3.2 可充电 LED 台灯电路工作原理仿真分析和实际测试

3.2.1 可充电 LED 台灯工作原理分析

LED 台灯电路如图 3.15 所示,具体工作原理如下所述。

1. 点亮过程

平常灯不亮时 C_1 由+B(+B 为铅蓄电池正极)通过 R_1、R_2、R_3 充电至+B,此时灯不亮为待机状态。使用时当按下 SW 然后松开,C_1 的正极被短接到 Q_1 的 b 极,而 C_1 的负极连接 Q_1 的 e 极,由于 C_1 两端电压为+B 且不能突变,故 Q_1 因 U_{be1} 电压足够大进而很快进入饱和状态,Q_1 饱和后其 c 极电位几乎为 0V,+B 则通过 R_1、R_2 分压加至 Q_4 的 b 极,U_{be4} 正偏,于是 Q_4 也迅速饱和导通,使 Q_4 的 c 极电位几乎为+B,该电路产生两个作用。

(1) 使稳压管 ZD_1(稳压值约为 2.5V)反向击穿、D_3 正向导通,之后剩余电压加至 Q_1 的 b 极,使 Q_1 维持饱和,实现自保。

(2) 此+B 电压经 R_6 和 R_5 分压加至 Q_3 的 b 极,使 Q_3 也饱和导通,于是高亮度 LED 有电流流过而发光,电灯开始照明。Q_1 由于自保维持饱和导通,其 c 极电位几乎为 0,则 C_1 通过 R_3、U_{ce1} 放电而使其两端电压为 0V。

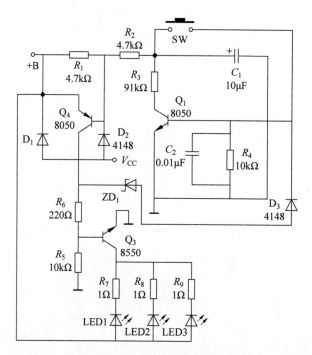

图 3.15 可充电 LED 台灯电路

2．关闭过程

如果在照明状态下再按一下 SW 并松开，由于 C_1 两端电压为 0V，使 Q_1 的 b-e 结电压为 0V 而截止，Q_1 的 c 极因 Q_1 截止变为 +B 电位，Q_4 的 b 极也因 R_1、R_2 分压为 +B 电位，Q_4 的 b-e 结电压因 0V 偏置而截止。Q_4 的 c 极失去 +B 电压使 Q_3 截止，3 个 LED 无电流通过而熄灭（电灯被关闭），此时 C_1 又由 +B 通过 R_1、R_2、R_3 充电，为下次动作准备就绪。

3．充电状态

充电器的直流电源 V_{cc} 通过 D_1 接入 +B，为铅蓄电池充电，同时 V_{cc} 通过 D_2 加至 Q_4 的 b 极，使 Q_4 维持截止状态，此时即使按下 SW，Q_1 无论是导通或截止，Q_4 均截止，所以 Q_3 也截止，3 只 LED 无电流通过而不亮．以免影响充电。

4．铅蓄电池充满电

实测 +B 电压为 4.2V，为使 Q_1 在使用时能够维持饱和导通（能自保），+B 必须大于 $U_{ce4} + U_{zd1} + U_{D3} + U_{be1} = 0.2 + 2.5 + 0.6 + 0.6 = 3.9V$；当 +B 电压在使用中降至 3.9V 以下时，不足以使 ZD_1 反向击穿，Q_1 无法实现自保，此时出现现象：按下 SW 后 3 只 LED 闪亮一下或维持几分钟后熄灭，可能误认为灯损坏出现故障，实际此时应该充电。

由于 +B 只有 4V，故该电路工作在低电压情况下一般元件不易损坏，只有 Q_3 以及 R_7、R_8、R_9 工作时电流较大，维修时应重点考虑 V_{cc} 为 3.3～4.2V 时的情况。

3.2.2　开启与关闭过程测试

1．开启过程

开启过程仿真电路及其元器件表分别如图 3.16 和表 3.1 所示，参数取值为 $C_1 = 4\mu F$，$I_{C1} = 4A$，$C_2 = 0$，$I_{C2} = 0$。Q_1 初始时处于关闭状态。

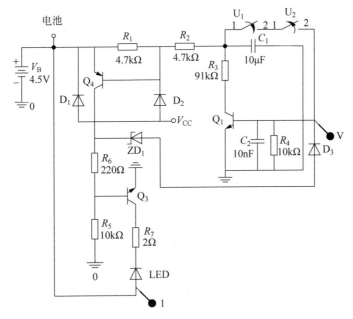

图 3.16　开启过程仿真电路

表 3.1　电路仿真元器件表

编号	名称	库	型号	参数	备注
R_1	电阻	ANALOG	R	$4.7\text{k}\Omega$	
R_2	电阻	ANALOG	R	$4.7\text{k}\Omega$	
R_3	电阻	ANALOG	R	$91\text{k}\Omega$	
R_4	电阻	ANALOG	R	$10\text{k}\Omega$	
R_5	电阻	ANALOG	R	$10\text{k}\Omega$	
R_6	电阻	ANALOG	R	220Ω	
R_7	电阻	ANALOG	R	2Ω	
C_1	电容	ANALOG	C	$10\mu\text{F}$	$I_C = 4\text{A}$
C_2	电容	ANALOG	C	10nF	$I_C = 0\text{A}$
D_1	二极管	DIODE	MUR1560		
D_2	二极管	DIODE	D1N4148		
D_3	二极管	DIODE	D1N4148		
ZD_1	稳压管	BREAKOUT	Dbreakz	$BV = 2.25\text{V}$	2.5V 稳压管
LED	二极管	DIODE	MUR1560		由二极管代替 LED 模型
Q_1	三极管	BIPOLAR	Q2N5551		小信号三极管
Q_4	三极管	BIPOLAR	Q2N5401		小信号三极管
Q_3	三极管	BJN	TIP50		功率三极管
U_1	常闭开关	ANL_MISC	sw_tClose	$T_{CLOSE} = 5\text{ms}$	模拟开关过程
U_2	常开开关	ANL_MISC	Sw_tOpen	$T_{OPEN} = 20\text{ms}$	模拟开关过程
I_C	直流电流源	SOURCE	IDC	500mA	直流电流源,模拟充电
V_B	直流电压源	SOURCE	VDC	4.5V	直流电压源,模拟电池

　　开启过程测试结果如图 3.17 所示。5ms 时 U_1 闭合,20ms 时 U_2 断开,利用 U_1 和 U_2 模拟开关 SW 接通和断开的过程;U_1 闭合时 LED 工作,但是 U_2 断开后不久 LED 停止工作,自保持功能消失。由于 R_3 电阻太大,Q_1 导通时 R_1 两端电压不能维持 Q_4 导通,从而 Q_3 截止,LED 停止工作。

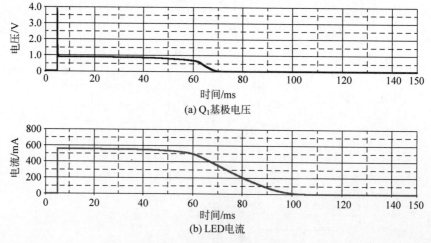

(a) Q_1 基极电压

(b) LED 电流

图 3.17　开启过程测试波形

2. 关闭过程

关闭过程仿真电路如图 3.16 所示,相关参数取值为 $C_1 = 10\mu\text{F}$, $I_{C1} = 0$, $C_2 = 10\text{nF}$, $I_{C2} = 1\text{A}$。Q_4 初始时处于导通状态,从而 Q_3 初始时刻也正常工作,LED 有电流流过。

关闭过程测试结果如图 3.18 所示。初始时刻 LED 导通,5ms 时 U_1 闭合,20ms 时 U_2 断开,利用 U_1 和 U_2 模拟开关 SW 接通和断开的过程。U_1 闭合时 LED 已工作,但是 U_2 断开后不久 LED 停止工作,关闭功能正常。之所以 U_2 断开后 LED 还工作一段时间,主要原因是电容 C_1 的电压从 0V 充电到电池电压的过程中 Q_4 导通一段时间,通过 ZD_1 和 D_3 使 Q_1 继续工作一段时间,直到 C_1 电压与电池电压相同时 Q_4 关断,Q_1 停止工作。

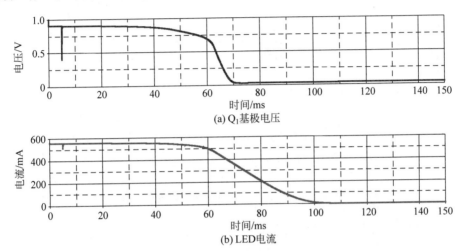

图 3.18　关闭过程测试波形

3. 电路修改后仿真

通过仿真可以看到,无论开启过程还是关闭过程,电路工作均不正常,而且参考的原始资料似乎存在问题(通过 R_1、R_2、R_3 充电至 +B,通过 R_1、R_2 分压加至 Q_4 的 b 极),电容 C_1 充电时并未通过 R_3,所以可以猜测电路中连线存在错误——**利用仿真进行电路故障分析、定位、排除**。

电路修改后开启和关闭功能仿真分析如图 3.19 所示,R_2 与 R_3 的连接点改变,参数取值为 $I_{C1} = 4\text{A}$, $I_{C2} = 0$。此时电路与实际分析一致。

开启过程测试结果分析如图 3.20 所示,开启 5ms 时 U_1 闭合,20ms 时 U_2 断开,利用 U_1 和 U_2 模拟开关 SW 接通和断开的过程。U_1 闭合时 LED 工作,U_2 断开后 LED 继续工作,实现自保持功能。

关闭过程测试电路与波形分别如图 3.19 和图 3.21 所示,参数取值为 $I_{C1} = 0$, $I_{C2} = 1\text{A}$。5ms 时 U_1 闭合,20ms 时 U_2 断开,利用 U_1 和 U_2 模拟开关 SW 接通和断开的过程。U_1 闭合时 LED 关断,U_2 断开后 LED 继续关断,实现 LED 关闭功能。

电池电压变化时,测试电路与波形分别如图 3.22 和图 3.23 所示,其中 $I_{C1} = 4\text{A}$, $I_{C2} = 0$ 时电路开启;$I_{C1} = 0$, $I_{C2} = 1\text{A}$ 时电路关闭。5ms 时 U_1 闭合,LED 正常工作。在 20ms 时电池电压开始线性下降,当电池电压下降到约 3.9V 时 LED 关断,即电池电压过低时能够自动关断,实现对电池过放保护。

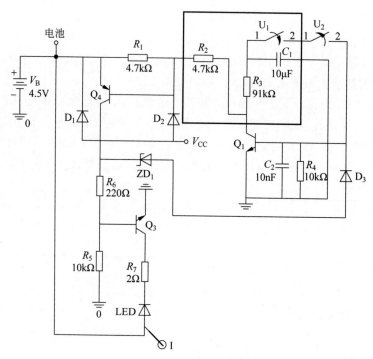

图 3.19　修改后的开启和关闭过程仿真电路

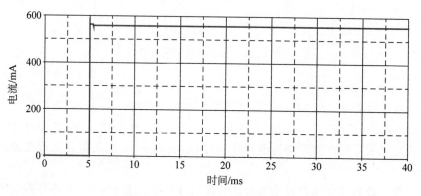

图 3.20　开启过程 LED 电流波形

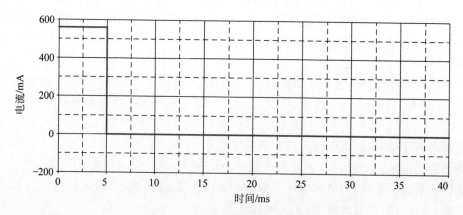

图 3.21　关闭过程 LED 电流波形

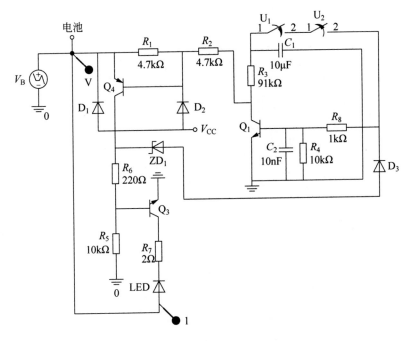

图 3.22　电池电压变化仿真电路

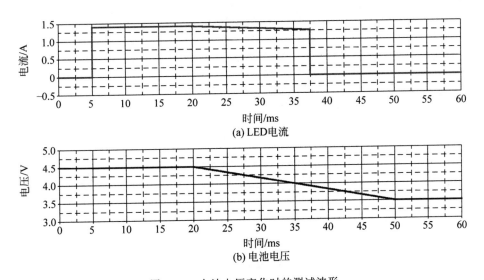

(a) LED电流

(b) 电池电压

图 3.23　电池电压变化时的测试波形

如图 3.24 所示，仅测试充电功能时，电池由电容代替，容量为 1F、初始值为 4V。充电电源由恒流源代替，电流为 500mA。充电时 LED 不能正常工作，测试波形如图 3.25 所示，只能处于关闭状态，主要由二极管 D_2 实现对 Q_4 的限制，使其不能导通。

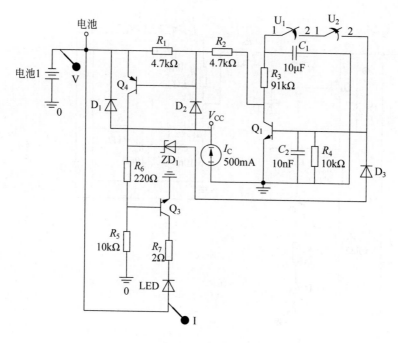

图 3.24　充电电路仿真分析

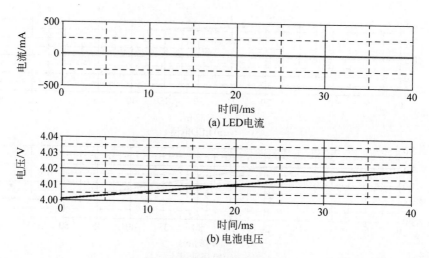

图 3.25　充电功能测试波形

充电功能和 LED 同时工作时,电路如图 3.26 所示,取代电池的电容为 1V,初始值为 4V,恒流源电流为 1A。充电时 LED 能正常工作,测试波形如图 3.27 所示,同时实现对电池充电,只是充电电流源 I_c 的电流值比较大。

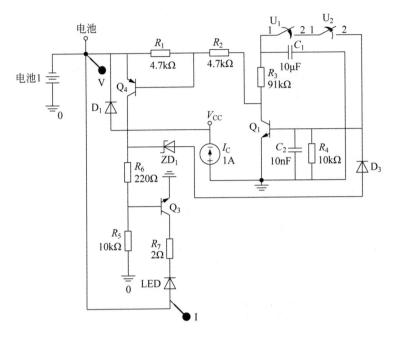

图 3.26 充电电路仿真分析——去掉二极管 D_2

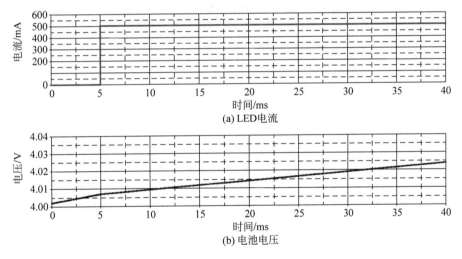

(a) LED电流

(b) 电池电压

图 3.27 测试波形

3.2.3 LED 充电电路完整功能测试

LED 充电灯完整电路如图 3.28 和图 3.29 所示,220V 交流电通过电容和整流桥对模拟电池 Bat 进行充电,电阻 R_2 和 D_L 为充电指示灯;SW1 为 LED 启动开关,R_3 为限流电阻;详细元器件列表见表 3.2。

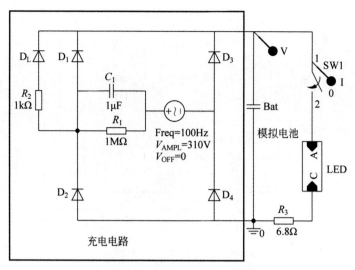

图 3.28　实际 LED 充电电路

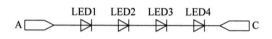

图 3.29　LED 模型

表 3.2　LED 充电灯完整电路仿真元器件表

编号	名称	库	型号	参数	备注
R_1	电阻	ANALOG	R	1MΩ	
R_2	电阻	ANALOG	R	1kΩ	
R_3	电阻	ANALOG	R	6.8Ω	
C_1	电容	ANALOG	C	1μF	
Bat	电容	ANALOG	C	1F	I_C＝4A、模拟电池
D_1	二极管	DIODE	D1N4007		
D_2	二极管	DIODE	D1N4007		
D_3	二极管	DIODE	D1N4007		
D_4	二极管	DIODE	D1N4007		
D_L	二极管	DIODE	D1N4007		充电指示发光二极管
LED1	二极管	DIODE	D1N4007		由二极管代替 LED 模型
LED2	二极管	DIODE	D1N4007		由二极管代替 LED 模型
LED3	二极管	DIODE	D1N4007		由二极管代替 LED 模型
LED4	二极管	DIODE	D1N4007		由二极管代替 LED 模型
SW1	常闭开关	ANL_MISC	sw_tClose	T_{CLOSE}＝0ms	模拟开关过程
V_{sin}	交流电压源	SOURCE	Vsin	310V、50Hz	市电输入

　　测试波形如图 3.30 所示,图 3.30(a)为 LED 电流波形、约为 108mA、保持恒定,图 3.30(b)为电池电压波形、通过 220V 交流电进行充电;由于 220V 交流电为电池充电达到稳态需要一定时间,而仿真时间比较短——毫秒级,所以 LED 电流和电压仿真波形均有微小增大趋势,当仿真时间足够长——秒级时二者将达到稳态。

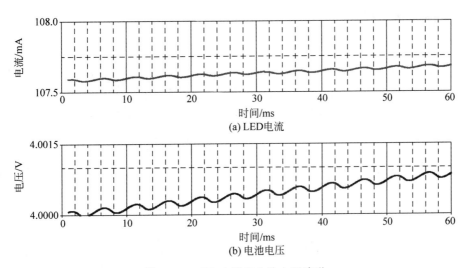

(a) LED电流

(b) 电池电压

图 3.30　LED 电流和电池电压波形

3.2.4　电路性能改进

改进型电路增加基极电阻 R_8，Q_3 由三极管更换成达灵顿管，电阻 R_6 阻值由 220Ω 增大为 1kΩ，修改后 Q_1 的工作状态更加柔和、不易损坏，电阻 R_6 损耗降低，Q_3 更换成达灵顿管之后可以提供更大功率，具体改进电路如图 3.31 所示，其中 $I_{C1}=4A$，$I_{C2}=0$ 时，电路开启；$I_{C1}=0$，$I_{C2}=1A$ 时，电路关闭。

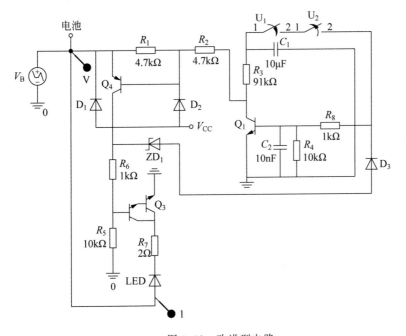

图 3.31　改进型电路

仿真测试波形如图 3.32 所示，图 3.32(a) 为 LED 电流波形，可以输出更大电流，从而输出更大功率。图 3.32(b) 为电池电压波形，电压低于约 3.9V 时 LED 关闭。增加电阻 R_8

并未影响电路正常工作，但是可以保护 Q_1 基极免受冲击。

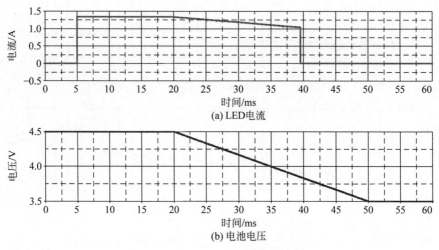

(a) LED电流

(b) 电池电压

图 3.32　改进型电路的仿真测试波形

改进型完整电路仿真分析包括充电电路、LED 控制电路以及 LED 模型，具体如图 3.33 所示。充电时，LED 不能正常工作，通过改变 V_{sin} 的分量 V_{AMPL} 进行设置，$V_{AMPL}=310V$ 时充电；$V_{AMPL}=0V$ 时工作。LED 控制电路在 $I_{C1}=4A$，$I_{C2}=0$ 时开启；$I_{C1}=0$，$I_{C2}=1A$ 时关闭。

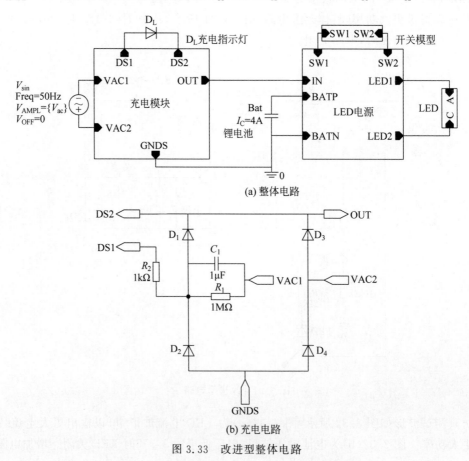

(a) 整体电路

(b) 充电电路

图 3.33　改进型整体电路

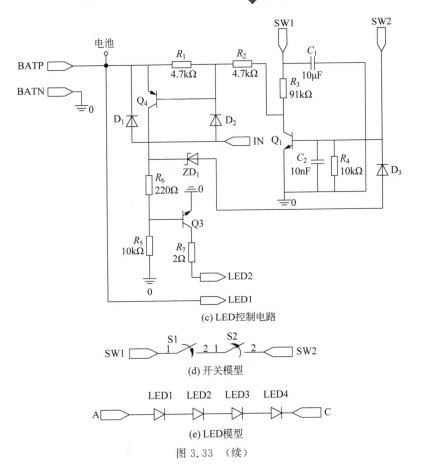

(c) LED控制电路

(d) 开关模型

(e) LED模型

图 3.33 （续）

改进型电路测试波形如图 3.34 所示,图 3.34(a) 为 LED 电流波形,图 3.34(b) 为电池电压波形,图 3.34(c) 为充电电流波形；充电时 LED 不能正常工作,只是在开始时闪亮几下,然后保持关闭。

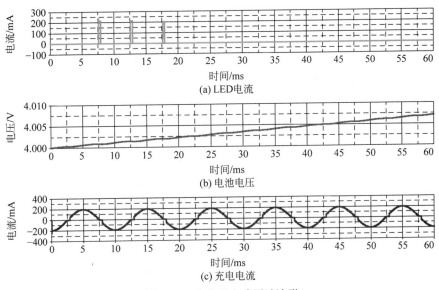

(a) LED电流

(b) 电池电压

(c) 充电电流

图 3.34 改进型电路测试波形

不充电时波形数据如图 3.35 所示,图 3.35(a)为 LED 电流波形,图 3.35(b)为电池电压波形,图 3.35(c)为充电电流波形。不充电时 LED 正常工作,电池电压下降。

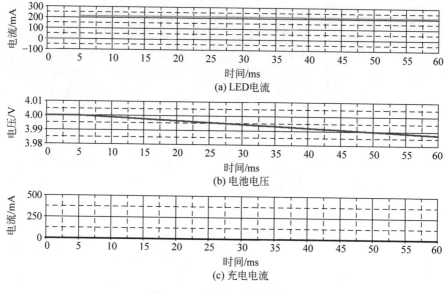

图 3.35　不充电时测试波形

3.3　限流源模型分析与测试

通常测试电路需要使用限流电源,以保证电源和被测电路的安全,但是 PSpice 中的独立电源没有限流功能,因此必须单独添加此功能。如果电源在电流限制期间未产生连续电压,则限流功能可能出现收敛问题。目前 PSpice 软件中没有基本元件能够通过简单方法生成类似响应。

PSpice 可以利用行为模型建立分段线性响应,每段区域均能够通过非线性函数进行表征,该功能恰与"Table"表格模型相对应,表格模型中的每个区域只能由线性响应表示。

3.3.1　有源负载测试

限流电压源的有源负载测试电路如图 3.36 所示,利用 EVALUE 行为模型和 IF 语句建立限流电压源模型,使用余弦锥度函数实现电源平稳、受控过渡,利用参数进行具体设置。图 3.36(a)中,Delta 表示电流误差范围(0.01=1%);Voltage 表示正常工作输出电压值,(Voltage=5V);I_{Limit} 为限流值,表示过载时电源恒流输出值(I_{Limit}=50mA);R_{min} 表示电源等效输出电阻(R_{min}=1μΩ)。图 3.36(b)中,参数取值为 V_{ripple}=60mV,F_{ripple}=20kHz。

具体模型语句如下:

```
IF(I(Vs)<{(1 - Delta/2) * ILimit},{Voltage} + V(Ripple),IF(I(Vs)>{(1 + Delta/2) * ILimit},0,
({Voltage/2}) * (1 + cos(3.14 * (I(Vs) - {(1 - Delta/2) * ILimit})/{ILimit * Delta}}))))
f(Vs) = {Voltage/2} * (1 + cos(3.14 * (I(Vs) - {(1 - Delta/2) * ILimit})/{ILimit * Delta})语句解释:
```

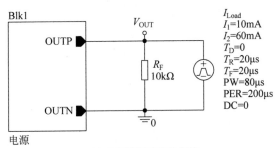

(a) 主电路图及具体参数

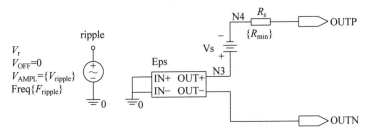

IF(I(Vs)<{(1-Delta/2)*ILimit}, {Voltage}+V(Ripple), IF(I(Vs)>{(1+Delta/2)*ILimit}, 0,
({Voltage/2})*(1+cos(3.14*(I(Vs)-{(1-Delta/2)*ILimit})/{ILimit*Delta})))))

(b) 受控源模型及其纹波参数

图 3.36　受控源模型测试电路

$$\cos(3.14 * (I(Vs) - \{(1 - Delta/2) * ILimit\})/\{ILimit * Delta\}) = \cos\left(\pi \times \frac{I(Vs) - \{(1 - Delta/2) * ILimit\}}{ILimit * Delta}\right)$$

当 I(Vs) = (1 - Delta/2) * ILimit 时 cos(3.14 * (I(Vs) - {(1 - Delta/2) * ILimit})/{ILimit * Delta}) = cos(0) = 1,此时 f(Vs) = ({Voltage/2}) * (1 + 1) = Voltage;

当 I(Vs) = (1 + Delta/2) * ILimit 时 cos(3.14 * (I(Vs) - {(1 - Delta/2) * ILimit})/{ILimit * Delta}) = cos(3.14) = -1,此时 f(Vs) = {Voltage/2} * (1 - 1) = 0;

所以电流在 Delta$\times I_{\text{Limit}}$ 范围内变化时实现输出电压从 {Voltage}～0 连续变化,实现了电路收敛。

1. 直流分析

I_{Load} 直流分析的仿真设置与测试波形分别如图 3.37 和图 3.38 所示,当电流在 Delta 范围内变化时输出电压 V_{VOUT} 从 5V 平缓降为 0V,其一次导数和二次导数分别如图 3.38 的曲线所示,利用余弦锥度函数使得限流电路完美收敛。

由于 R_F 通过电流,所以影响 I_{Limit} 和 Delta 设置精度,R_F 阻值越大对精度影响越小。具体测试电路参考图 3.36(a),其中需要根据电路精度选择 R_F 阻值,因此采用参数 R_{FV} 表示 R_F 的值,该值对电路稳定性产生一定影响。测试电路的仿真设置如图 3.39 和图 3.40 所示。

$R_F = 10\text{k}\Omega$ 时负载特性曲线和数据如图 3.41 所示,电流约为 50.236mA 时输出电压约为 8.8mV,电流约为 49.268mA 时输出电压约为 4.9877V,与 $I_{\text{Limit}} = 50\text{mA}$ 和 Delta 存在约 0.5％误差

$$\frac{50.236 + 49.268}{2} = 49.752$$

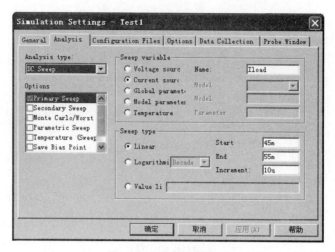

图 3.37　直流仿真设置

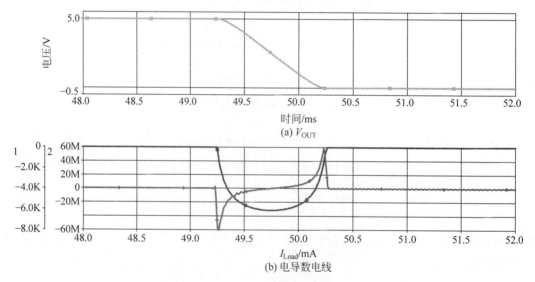

(a) V_{OUT}

(b) 电导数电线

图 3.38　仿真测试波形

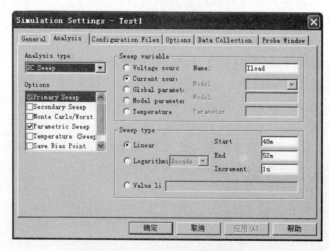

图 3.39　I_{Load} 直流仿真设置

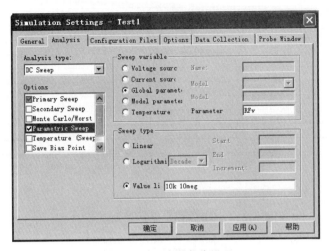

图 3.40 R_F 参数仿真设置

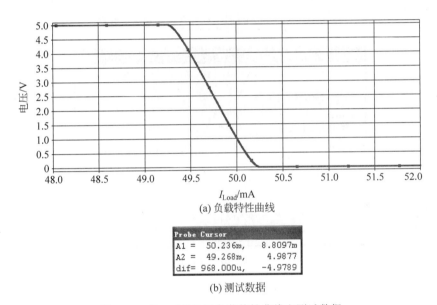

(a) 负载特性曲线

Probe Cursor		
A1 =	50.236m,	8.8097m
A2 =	49.268m,	4.9877
dif=	968.000u,	-4.9789

(b) 测试数据

图 3.41 R_F＝10kΩ 时负载特性曲线和测试数据

R_F＝10MΩ 时负载特性曲线和数据如图 3.42 所示,电流约为 50.24mA 时输出电压约为 5.18mV,电流约为 49.764mA 时输出电压约为 4.9896V,与 I_{Limit}＝50mA 和 Delta 基本一致

$$\frac{50.24 + 49.764}{2} = 50.002$$

2. 瞬态分析

仿真设置与测试波形分别如图 3.43 和图 3.44 所示,负载电流大于 50mA 时输出电压约为 0V,负载电流小于 50mA 时输出电压约为 5V,转换过程系统稳定工作,即使电压存在 60mV 纹波。

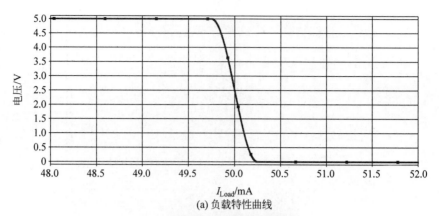

(a) 负载特性曲线

```
Probe Cursor
A1 =   50.240m,    5.1807m
A2 =   49.764m,    4.9896
dif= 476.000u,    -4.9845
```

(b) 测试数据

图 3.42 $R_F = 10M\Omega$ 时负载特性曲线和测试数据

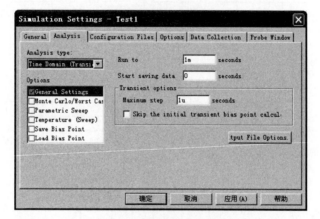

图 3.43 瞬态仿真设置

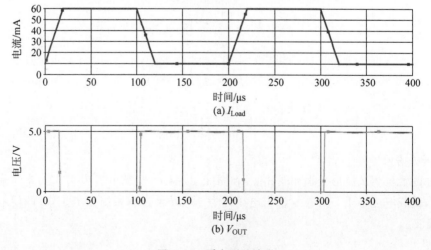

(a) I_{Load}

(b) V_{OUT}

图 3.44 瞬态测试波形

3.3.2 无源负载测试

利用无源负载对限流源进行测试,并且与有源负载时的特性进行对比,测试电路如图 3.45 所示。

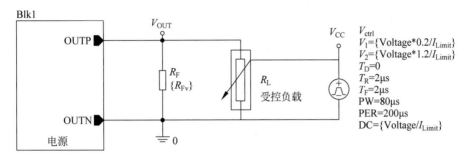

(a) 主电路图及具体参数

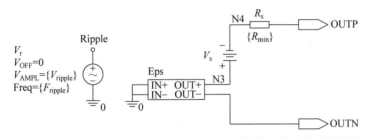

$$IF(I(Vs)<\{(1-Delta/2)*ILimit\}, \{Voltage\}+V(Ripple), IF(I(Vs)>\{(1+Delta/2)*ILimit\}, 0,$$
$$(\{Voltage/2\})*(1+cos(3.14*(I(Vs)-\{(1-Delta/2)*ILimit\})/\{ILimit*Delta\}))))$$

(b) 受控源模型及其纹波参数

.SUBCKT VARIRES 1 2 CTRL

R1 1 2 3E10

G1 1 2 Value={V(1, 2)/(V(CTRL)+1u)}

.ENDS

(c) 可控电阻模型语句

图 3.45 无源负载测试电路

1. 直流分析

负载电阻 R_L 从 1Ω 线性增加到 200Ω 时,直流仿真设置和仿真波形分别如图 3.46 和图 3.47 所示,负载电阻小于 100Ω 时的输出电流近似恒为 50mA,电路实现限流输出功能,即该电源最大输出 50mA,与有源负载的 $60\text{mA}/0\text{V}$ 存在矛盾,负载电阻大于约 100Ω 时输出 5V 恒定电压,电路实现限流功能,所以测试电源负载特性时尽量使用无源负载,以保证测试的准确性。

2. 瞬态分析

当负载电阻为 120Ω 时电源工作于恒压状态,输出电压约为 5V(有纹波);当负载电阻为 20Ω 时电源工作于恒流状态,输出电压约为 $20\times50=1\text{V}$(无纹波);具体仿真设置和测试波形分别如图 3.48 和图 3.49 所示。

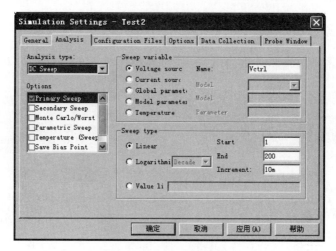

图 3.46　直流仿真设置

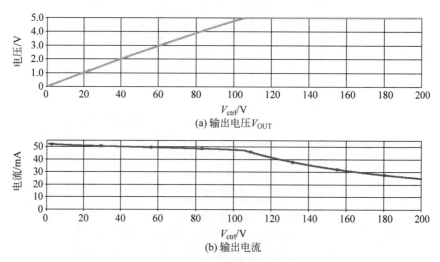

(a) 输出电压 V_{OUT}

(b) 输出电流

图 3.47　仿真测试波形

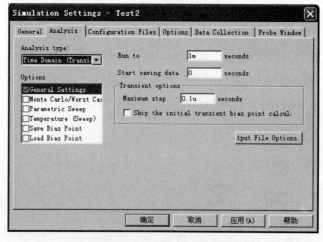

图 3.48　瞬态仿真设置

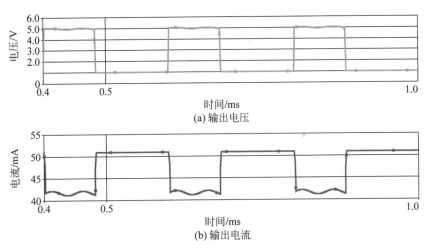

(a) 输出电压

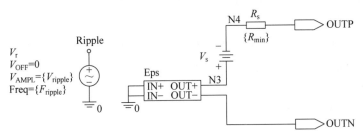

(b) 输出电流

图 3.49　瞬态测试波形

3. IF 语句仿真收敛对比测试

如图 3.50 所示,当比较语句更改为 $\mathrm{IF}(\mathrm{I}(V_s)<\{I_{\mathrm{Limit}}\},\{\mathrm{Voltage}\},0)$,仿真将出现不收敛(见图 3.51),并且无法通过 Options 设置使其收敛,从而体现 IF 语句比较功能时函数的重要性。

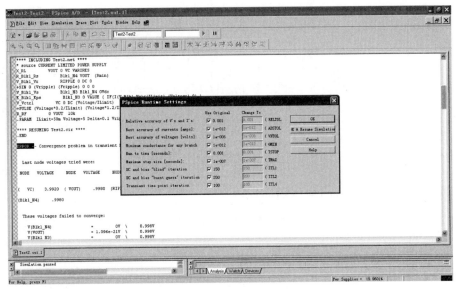

图 3.50　修改比较语句之后的电压源模型

图 3.51　仿真不收敛

很多时候仿真不收敛与电路结构和设置有关,如果实际电路与仿真设置完全一样,但实际电路还可能出现问题:工作不稳定、振荡、元器件和电路板损坏。当实际电路仿真出现不收敛时一定要认真思考,找到问题根源是电路设计还是仿真故障。

3.4 高效降压变换器

3.4.1 工作原理分析

TL431 可编程精密基准电压源通常用于低成本降压开关变换器设计,以发挥其基准电压源和电压比较器的双重功能,通过调节反馈电阻参数值进行输出电压设置。图 3.52 为输出 5V/1A 电源的实际测试电路,其中 $V_{DC}=20V$,为输入直流电压值;$V_{out}=5V$,为输出电压值;I_{out} 为输出电流值,取 1 表示工作于断续模式,取 2 表示工作于连续模式;RatioH = 0.9,为输出脉冲电流高比率;RatioL = 0.1,为输出脉冲电流低比率;$L_{fv}=15\mu A$ 或 $150\mu A$,为滤波电感 L_f 的参数值,此值影响开关频率(近似平方根关系);$R_{4v}=10\Omega$ 或者 50Ω,为正反馈分压电阻 R_4 参数值,阻值越大输出电压越大、纹波越大。

图 3.53 为压控负载,表 3.3 为主要元器件列表,整机效率约为 70%。仿真分析时可为输出滤波电感 L_f 和电容 C_f 设置初始电流和电压值,如果不能确定其初始值,也可由软件自动配置初始值,但是瞬态仿真时间可能比较长,并且最大仿真步长尽量设置小,因为开关频率和上升/下降沿时间不能确定,为保证仿真结果的准确性,Option 精度应设置足够高。PSpice 对开关变换器各元器件的寄生参数非常敏感,所以仿真结果与测量结果存在微小差异。

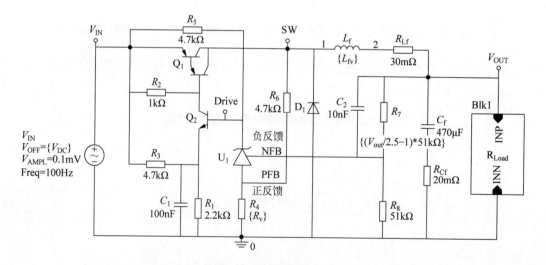

图 3.52　主电路和参数设置

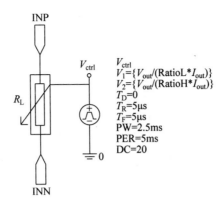

图 3.53　压控负载

表 3.3　主要元器件列表

编号	名称	型号	参数	库	功能注释
R_1	电阻	R	$2.2\text{k}\Omega$	ANALOG	偏置电压
R_2	电阻	R	$1\text{k}\Omega$	ANALOG	偏置电流
R_3	电阻	R	$4.7\text{k}\Omega$	ANALOG	偏置电压
R_4	电阻	R	10Ω	ANALOG	正反馈
R_5	电阻	R	$4.7\text{k}\Omega$	ANALOG	正反馈
R_6	电阻	R	$4.7\text{k}\Omega$	ANALOG	偏置电流
R_7	电阻	R	$\{(V_{out}/2.5-1)\times51\text{k}\Omega\}$	ANALOG	负反馈
R_8	电阻	R	$51\text{k}\Omega$	ANALOG	负反馈
R_{Lf}	电阻	R	$30\text{m}\Omega$	ANALOG	滤波电感 L_f 串联电阻
R_{Cf}	电阻	R	$20\text{m}\Omega$	ANALOG	滤波电容 C_f 串联电阻
R_{Load}	压控电阻	层电路	见图 3.53		等效负载
R_L	可控电阻	VARIRES	.SUBCKT VARIRES 1 2 CTRL 　　R1 1 2 2E10 　　G1 1 2 Value = { V (1,2)/(V(CTRL) + 1u) } 　　.ENDS	APPLICATION	等效负载
L_f	电感	L	$\{L_{fv}\}$	ANALOG	输出滤波
C_f	电容	C	$\{C_{fv}\}$	ANALOG	输出滤波
C_1	电容	C	100nF	ANALOG	稳压滤波
C_2	电容	C	10nF	ANALOG	反馈补偿
D_1	二极管	D1N5822	$I_s=8.5\mu A$,$Bv=40V$	DIODE	反向续流
Q_1	达林顿	TIP117	$100V/2A$	DARLNGTN	功率开关
Q_2	三极管	MPSA20	$I_s=1.9\text{fA}$、$Bv=40V$	BIPOLAR	信号放大
U_1	基准源	TL431	见模型	VR	环路控制
V_{IN}	正弦电压源	Vsin	见图 3.52	SOURCE	功率输入
V_{ctrl}	脉冲电压源	VPULSE	见图 3.52	SOURCE	负载控制

工作原理：U_1 驱动 Q_2 使得 Q_1 工作于开关状态，通过反馈分压和补偿网络使系统工作于恒压状态，电感 L_f 和电容 C_f 实现能量的存储与交换。R_1、R_3、C_1 构成偏置电压，使得 TL431 的输出控制电压为合适值以发挥其最高精度。R_2 为 Q_2 提供偏置电流，稳定其放大功效。R_5 为 U_1 提供偏置电流，使其稳定工作。R_4 和 R_6 为 TL431 提供正反馈，使得开关在开通和关断期间更稳定、不振荡。Q_1 导通时 SW 点电压升高，使得 PFB 点电压升高，从而 TL431 输出高压，则 Q_1 保持导通；Q_1 关断时 SW 点电压降低，使得 PFB 点电压降低，从而 TL431 输出低压，则 Q_1 更加关断。R_7、R_8、C_2 构成输出电压负反馈。电阻负责分压，使得 NFB 点电压约为 2.5V，改变 R_7 电阻值调节输出电压幅度。C_2 起到环路稳定补偿作用，使得容性负载和测试状态变化时系统都能稳定工作。R_{Load} 为等效负载，利用电压控制其阻值，实现负载效应调节与测试。V_{IN} 为输入供电电源，具有偏置电压和纹波设置功能，用于源效应、输出纹波、整机效率测试。V_{ctrl} 为负载控制电源，通过电压控制 R_L 阻值，从而调节输出电流，可工作于直流和脉冲状态，用于测试负载效应。

3.4.2　5V/1A 功能测试

稳态时输出电压约为 5.4V、输出电流 1.07A，变换器工作于断续模式。稳态时输出电压纹波峰峰值 $V_{p-p} = 87\text{mV}$、输出电流纹波峰峰值 $I_{p-p} = 17.4\text{mA}$。相关参数设置为：$V_{DC} = 20\text{V}$，$V_{OUT} = 5\text{V}$，$I_{out} = 1\text{A}$，RatioH $= 1$，RatioL $= 1$，$L_{fv} = 150\mu\text{F}$，$R_{4v} = 10\Omega$。仿真设置和测试波形分别如图 3.54 和图 3.55～图 3.58 所示。

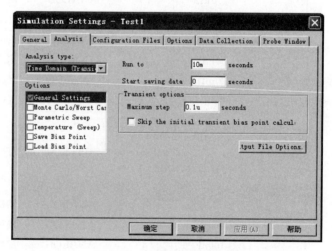

图 3.54　功能测试仿真设置

5V/1A 源效应测试的仿真设置和测试波形数据分别如图 3.59 和图 3.60 所示，其中部分参数设置为：RatioH $= 1$，RatioL $= 1$，$L_{fv} = 150\mu\text{F}$，$R_{4v} = 10\Omega$，$V_{OUT} = 5\text{V}$，$I_{OUT} = 1\text{A}$。V_{DC} 分别为 20V 和 10V 时输出电压相差约 285mV。

5V/1A 输出电压纹波测试数据如图 3.61 所示，V_{DC} 分别为 20V 和 10V 时输出电压纹波分别约为 87mV 和 83mV，输入电压越高、输出电压纹波越大。

5V/1A 整机效率测试的仿真设置和测试波形数据分别如图 3.62 和图 3.63 所示，输入平均功率约为 7.2W、负载平均功率约为 4.95W，整机效率约为 4.95/7.2 $=$ 68.8%。

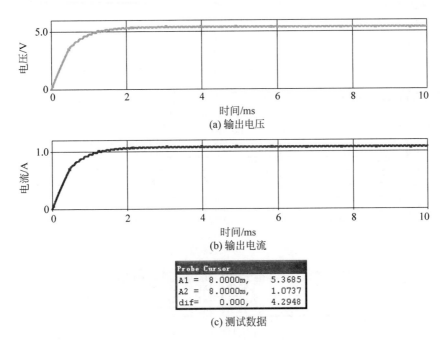

图 3.55 5V/1A 稳态时输出电压和电流

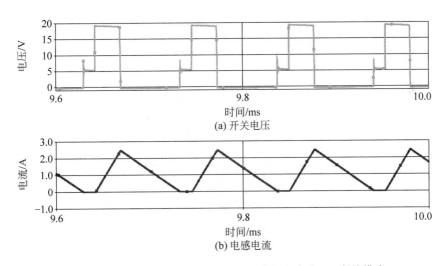

图 3.56 5V/1A 稳态时开关电压和电感电流波形——断续模式

5V/0.1～0.9A 脉冲负载测试的参数设置为：$V_{DC}=15\text{V}$，$V_{out}=5\text{V}$，$I_{out}=1\text{A}$，RatioH=0.9，RatioL=0.1，$L_{fv}=150\mu\text{F}$，$R_{4v}=10\Omega$。测试波形如图 3.64 所示，输出电流改变瞬间输出电压出现微小跳变，但在约 $200\mu\text{s}$ 时间内恢复正常。输出 0.9A 电流时开关频率高，输出 0.1A 电流时开关频率低。负载突变时系统能够稳定工作。

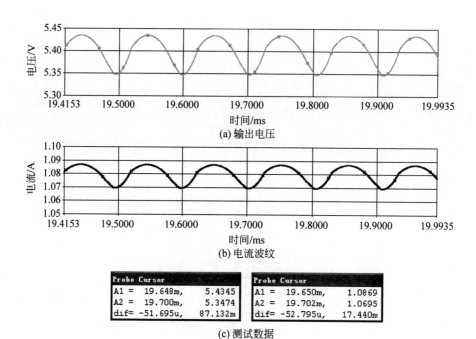

(c) 测试数据

图 3.57　5V/1A，$L_{fv}=150\mu F$ 稳态时输出电压、电流纹波及测试数据：$V_{p-p}=87mV$，
$I_{p-p}=17.4mA$，开关周期约为 10kHz

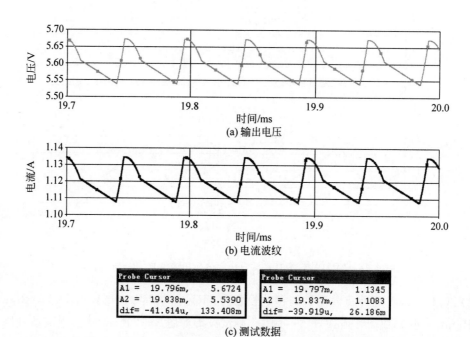

(c) 测试数据

图 3.58　5V/1A，$L_{fv}=15\mu F$ 稳态时输出电压、电流纹波及测试数据：$V_{p-p}=133mV$，
$I_{p-p}=26.2mA$，开关周期约为 20kHz

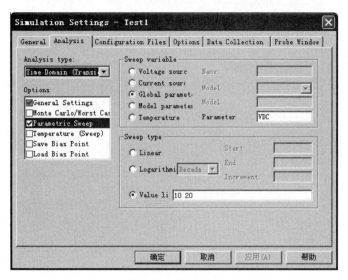

图 3.59　仿真设置

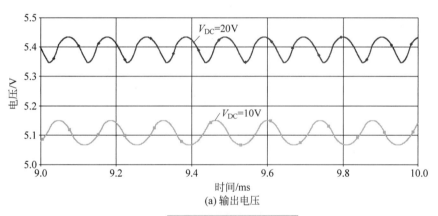

(a) 输出电压

```
Probe Cursor
A1 =    9.591m,     5.4346
A2 =    9.602m,     5.1500
dif= -10.374u,   284.534m
```

(b) 测试数据

图 3.60　5V/1A 时的源效应测试波形和测试数据

```
Probe Cursor                      Probe Cursor
A1 =  9.4622m,    5.1500          A1 =  9.4880m,    5.4346
A2 =   9.534m,    5.0667          A2 =   9.542m,    5.3475
dif= -71.459u,   83.326m          dif= -54.280u,   87.112m
```

图 3.61　5V/1A 时输出电压纹波测试数据

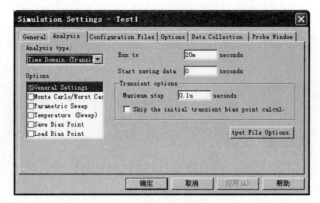

图 3.62　仿真和参数设置

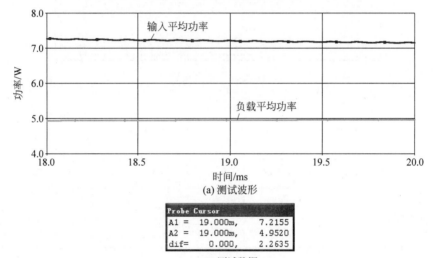

图 3.63　5V/1A 时功率测试波形和测试数据

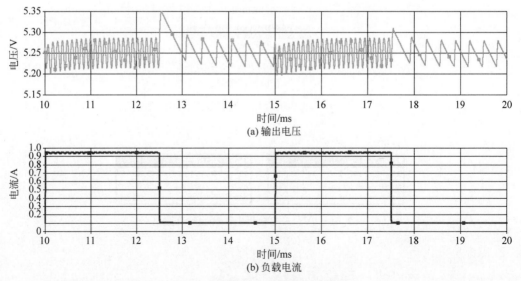

图 3.64　输出电压与负载电流波形

3.4.3 5V/2A 功能测试

稳态时输出电压约为 5.2V、输出电流 2.1A,变换器工作于连续模式,参数设置为 $V_{DC}=20V$,$V_{out}=5V$,$I_{out}=2A$。RatioH=1,RatioL=1,$L_{fv}=150\mu F$,$R_v=10\Omega$。测试波形和数据分别如图 3.65 和图 3.66 所示。电源启动时输出电压和负载电流均从 0 开始逐渐增大,最后达到稳态值。开关电压为高电平时,电感 L_f 电流增大,开始储能;开关电压为低电平时,电感 L_f 电流减小,开始释放能量。此时电源工作于连续模式。

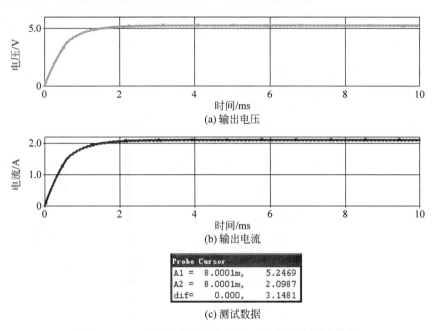

Probe Cursor		
A1 =	8.0001m,	5.2469
A2 =	8.0001m,	2.0987
dif=	0.000,	3.1481

(c) 测试数据

图 3.65 5V/2A 稳态时输出电压、电流波形与测试数据

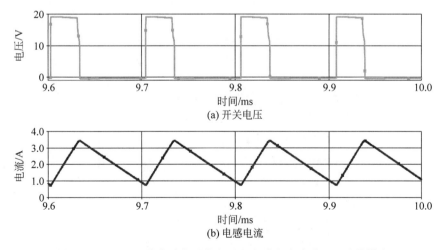

图 3.66 5V/2A 稳态时的开关电压和电感电流波形——连续模式

3.5 单电源缓冲电路设计

设计指标：输出电压 10V、电流 100mA、带宽 100kHz。

其中，电路使用的运算放大器的极点和增益设置函数为：

$$\text{GAIN} = \text{Gop} \Big/ \Big(1 + \frac{S}{6.28 \times \text{fp1}}\Big)\Big(1 + \frac{S}{6.28 \times \text{fp2}}\Big)$$

其中，fp1 为运放第一极点频率，取值为 10Hz；fp2 为运放第二极点频率，取值为 100MHz；Gop 为直流增益频率，取值为 1MHz。电容参数 $C_{1v} = 1.6\text{nF}$。

3.5.1 瞬态时域分析与测试

正常工作时，输出 10V/100mA；测试电路、仿真设置、输出电压和电流波形分别如图 3.67～图 3.69 所示，电路正常工作时输出电压为 10V，负载电流为 100mA。

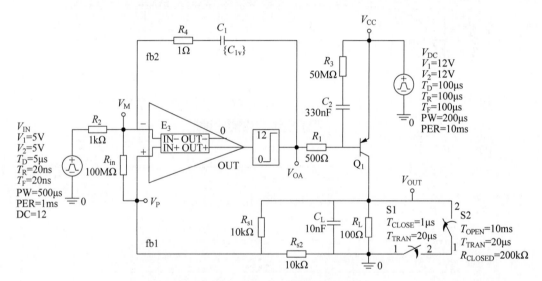

图 3.67 正常工作时稳态测试电路

图 3.68 瞬态仿真设置

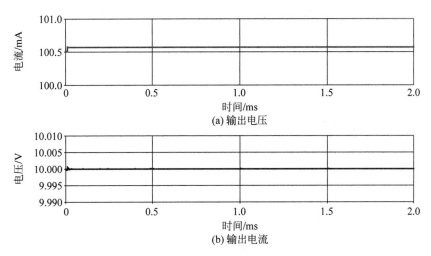

(a) 输出电压

(b) 输出电流

图 3.69 输出电压与电流波形

3.5.2 供电源效应测试

当图 3.67 中的供电电源 V_{DC} 在 10.8～12V 变化时测试输出电压特性,V_{DC} 的 T_R 和 T_F 分别为 $100\mu s$ 时输出电压瞬间变化约 40mV,测试波形如图 3.70 所示。V_{DC} 的 T_R 和 T_F 分别为 $10\mu s$ 时输出电压瞬间变化约 400mV,测试波形如图 3.71 所示。当供电电源稳定后输出电压恢复至 10V,输出过冲与供电 V_{DC} 的上升、下降沿速度有关。

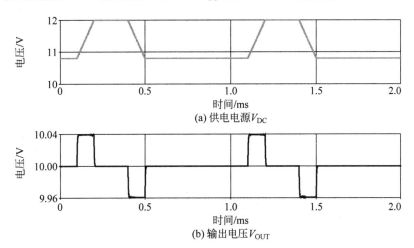

(a) 供电电源 V_{DC}

(b) 输出电压 V_{OUT}

图 3.70 V_{DC} 的 T_R 和 T_F 为 $100\mu s$ 时的输入输出波形

3.5.3 输入信号源 V_{IN} 测试

输出 10V/100mA 时测试图 3.67 中输入信号 V_{IN} 对输出电压的控制特性,当输入信号 V_{IN} 在 4.8～5V 脉冲变化时,输出电压 V_{OUT} 在 9.6～10V 脉冲变化,电源实现 $V_{OUT} = 2V_{IN}$ 的输出控制功能,具体波形如图 3.72 所示。

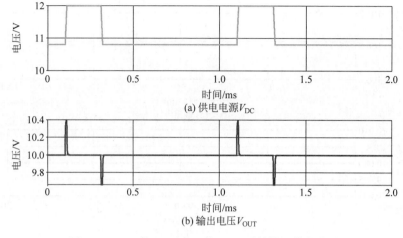

图 3.71 V_{DC} 的 T_R 和 T_F 为 $10\mu s$ 时的输入输出波形

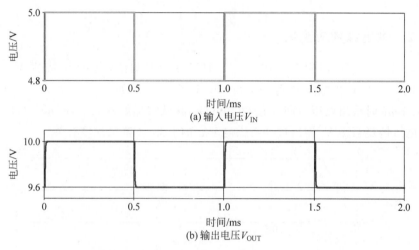

图 3.72 输入、输出电压波形: $V_{OUT} = 2V_{IN}$

　　直流仿真设置和测试波形与数据分别如图 3.73 和图 3.74 所示,当输入电压 $V_{IN} < 5.88V$ 时,输出电压 $V_{OUT} = 2V_{IN}$;当输入电压 $V_{IN} > 5.88V$ 时,输出电压 $V_{OUT} = 11.756V$,此时发生输出饱和。

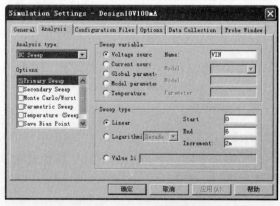

图 3.73 直流仿真设置

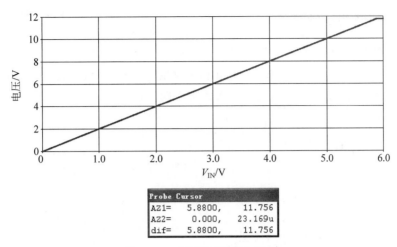

Probe Cursor		
A21=	5.8800,	11.756
A22=	0.000,	23.169u
dif=	5.8800,	11.756

图 3.74　直流测试波形与数据

3.5.4　负载效应测试

负载在 $50\%\sim100\%$ 变化时测试输出电压特性,此时图 3.67 的供电电源 V_{DC} 的参数 $T_R=10\mu s$,$T_F=10\mu s$,开关 S_1 的参数 $T_{CLOSE}=0.4ms$,开关 S_2 的参数 $T_{OPEN}=0.8ms$。负载特性测试曲线及数据如图 3.75 所示,输出电压为 10V,负载电流由 50mA 增大至 100mA 时输出电压下降约 264mV,16.7μs 恢复正常。输出电压为 10V,负载电流由 100mA 降低至 50mA 时输出电压上升约 260mV,16.7μs 恢复正常。负载变化期间输出电压无振荡,系统能够稳定工作。

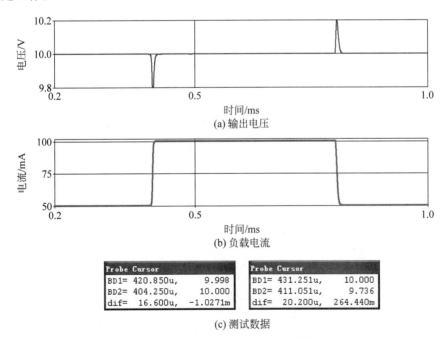

(a) 输出电压

(b) 负载电流

Probe Cursor		
BD1=	420.850u,	9.998
BD2=	404.250u,	10.000
dif=	16.600u,	-1.0271m

Probe Cursor		
BD1=	431.251u,	10.000
BD2=	411.051u,	9.736
dif=	20.200u,	264.440m

(c) 测试数据

图 3.75　负载特性测试曲线及数据

3.5.5　频域稳定性分析

频域稳定性测试电路如图 3.76 和图 3.77 所示,其中,参数取值:$C_{1v}=1.6$nF,$C_{L1v}=$ 10nF。利用 V_{G1}、C_T、L_T 对环路进行幅频和相频测试,以检验系统的稳定性,利用不同电路分别进行开环和闭环性能测试,以对比二者的统一性。

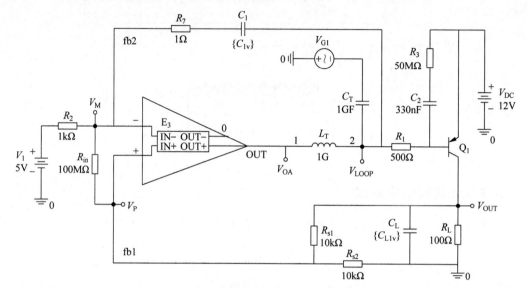

图 3.76　开环频域稳定性测试电路

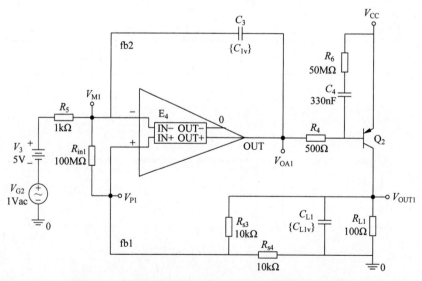

图 3.77　闭环频域测试电路、运放极点与增益设置函数

备注:

(1) $V_1=5$V 提供直流工作点,对应输出 10V,应正确设置,否则频率特性不正常。

(2) fb1 和 fb2 均为负反馈。

(3) 交流测试频率范围为 1Hz~100MHz,具体设置如图 3.78 所示。

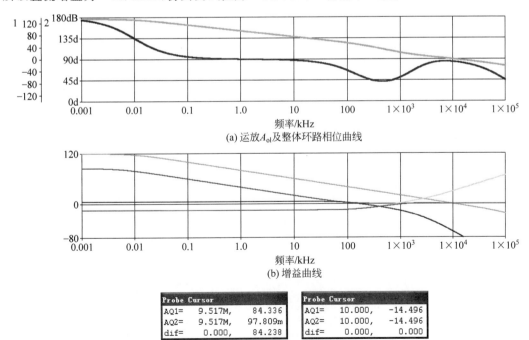

图 3.78　交流仿真设置

频率特性曲线及数据如图 3.79 所示，fb1 与 fb2 谁强谁起作用，即 $\mathrm{DB}(V_{\mathrm{VLOOP}}/V_{\mathrm{VP}})$ 与 $\mathrm{DB}(V_{\mathrm{VLOOP}}/V_{\mathrm{VM}})$ 谁低谁起作用。最终运放 A_{ol} 曲线 $\mathrm{DB}(V_{\mathrm{VOA}}/V_{\mathrm{VM,VP}})$ 与总反馈曲线 $\mathrm{DB}(V_{\mathrm{VLoop}}/V_{\mathrm{VM,VP}})$ 交越增益为 $-20\mathrm{dB/DEC}$，环路稳定工作、相位裕度约 $90°$。R_2、C_1 构成的零点频率与 R_{L}、C_{L} 构成的极点频率互相抵消。因为此时 $\mathrm{DB}(V_{\mathrm{VLOOP}}/V_{\mathrm{VM}})$ 增益比较小，所以 C_2 补偿不起作用。直流时有：

$$\mathrm{DB}(V_{\mathrm{VLOOP}}/V_{\mathrm{VM}}) = 20\log\left(\frac{0.81}{5}\right) = -15.81$$

即输出电压从 0V 增大到 10V（100mA）时运放输出电压 V_{OA} 的变化量与反馈量之比为：

$$\frac{11.43 - 10.62}{5} = \frac{0.81}{5}$$

所以直流增益为 $-15.81\mathrm{dB}$，仿真测试值为 $-14.5\mathrm{dB}$，二者基本一致。

(a) 运放 A_{ol} 及整体环路相位曲线

(b) 增益曲线

Probe Cursor	
AQ1=	9.517M,	84.336
AQ2=	9.517M,	97.809m
dif=	0.000,	84.238

Probe Cursor	
AQ1=	10.000,	−14.496
AQ2=	10.000,	−14.496
dif=	0.000,	0.000

(c) 测试数据

图 3.79　频率特性曲线及数据

备注：

（1）V_{IN} 提供直流工作点，应正确设置，否则工作不正常！设置 V_{IN} 参数进行瞬态和直流测试——输入信号源效应与输出满度。

（2）C_L 与 C_1 相对应，同时增大或减小相同倍率，用于负载电容补偿。

（3）输出过冲是指运放输出端，并非电源输出端。

（4）瞬态仿真设置最大步长应与 f_{cl} 相匹配：$t=1/(10 \times f_{cl})$。

（5）$C_L=1nF$、$R_3=50M\Omega$ 时域稳定，频域与时域特性一致。

（6）S_1 和 S_2 测试 $50\% \sim 100\%$ 负载转换效应，调节时间与闭环带宽相对应，测试不同转换时间对应的输出电压特性，T_{RAN} 分别为 $10\mu s$、$100\mu s$。

（7）供电电源 V_{DC} 在 10% 变化时测试输出电压特性，测试不同转换时间对应的输出电压特性，T_R 和 T_F 分别为 $10\mu s$、$100\mu s$。

第4章

电路保护与检测

本章主要讲解线性电源和开关电源的保护和检测，包括保护功能分析、补偿设计、电压和电流检测、整机保护测试。对开关电源保护电路进行详细测试，包括市电过流保护电路测试、市电输入过压和欠压保护电路测试、开关器件保护电路测试、反压保护电路测试，并进行实际保护电路设计及其保护性能测试。

4.1 线性电源保护

4.1.1 整机工作原理分析

具体电路如图 4.1 所示，Q_7 负责功率输出，由 R_{76} 和 Q_7 的 β 值决定正常工作时的最大输出电流。线性电源近似工作于跟随方式，最大输出电压略低于输入电压。Q_{12}、R_{78}、R_{79} 实现正常工作时的限流保护，Q_{12} 的 V_{be} 与 $R_{78}//R_{79}$ 之商即为限流值。R_{92} 和 R_{77} 实现输出短路保护功能，此时 Q_{12} 导通，从而通过 Q_7 的 I_b 电流变小，使得输出电流 I_c 减小，从而降低 Q_7 功耗，有效保护 Q_7 不因过热而损坏。

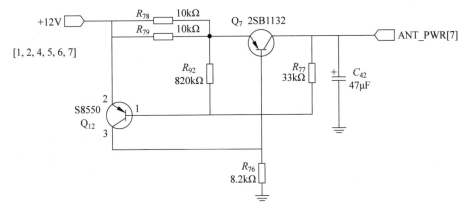

图 4.1　线性电源保护电路

4.1.2　原始电路测试

首先测试输出电压、输出电流与驱动电阻和 Q_7 的 β 值的关系,具体电路如图 4.2 所示,其中 $R_L=20\Omega$,为等效负载电阻;$\beta=270$,为功率三极管 Q_7 电流放大倍数;$R_B=8.2\text{k}\Omega$,为 Q_7 基极驱动电阻。设置基极电流为 I_b。参数设置如图 4.3 所示。

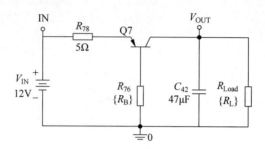

图 4.2　工作原理仿真测试电路

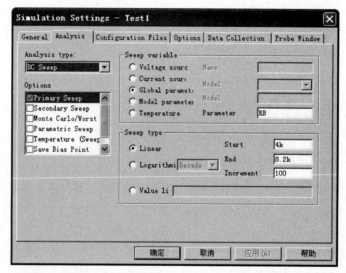

图 4.3　基极驱动电阻 R_B 参数设置:从 $4\text{k}\Omega$ 线性增大至 $8.2\text{k}\Omega$

Q_7 的 PSpice 模型:

```
.model Q2sb1151 PNP(Is = 191.5f Xti = 3 Eg = 1.11 Vaf = 100 Bf = {BFv} Ise = 195.6f
+              Ne = 1.434 Ikf = 16.05 Nk = .9776 Xtb = 1.5 Var = 100 Br = 24.69 Isc = 197.7f
+              Nc = 1.703 Ikr = 2.307 Rc = 50.12m Cjc = 2p Mjc = .3333 Vjc = .75 Fc = .5
+              Cje = 5p Mje = .3333 Vje = .75 Tr = 72.8n Tf = 1n Itf = 1 Xtf = 0 Vtf = 10)
```

R_B 阻值越小 I_b 越大,从而输出电流越大。电阻 R_{78} 与输出电流产生压降,因此输出电流很大时输出电压降低很多,具体波形见图 4.4。实际设计时需要严格计算各参数值,以便发挥电源最大功效。

β 变化时,R_B 越小、β 越大输出电流越大,具体仿真设置与波形见图 4.5 和图 4.6。

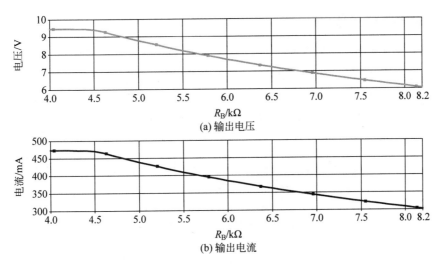

(a) 输出电压

(b) 输出电流

图 4.4　输出电压与电流波形

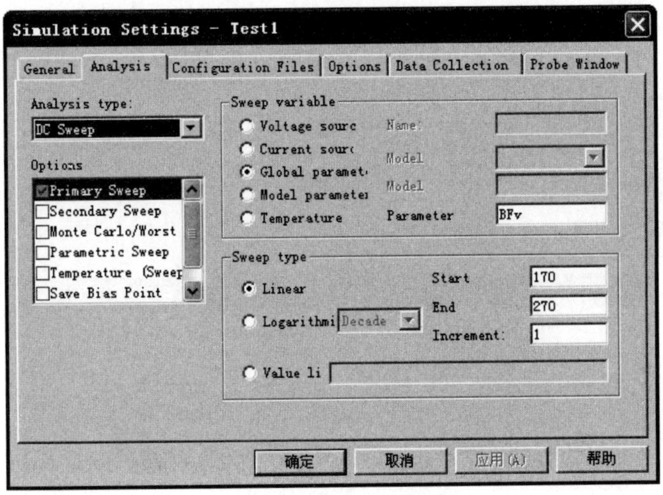

图 4.5　参数 β 设置

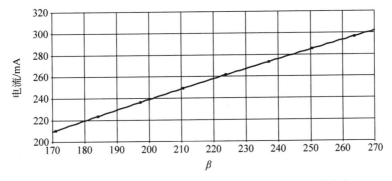

图 4.6　R_B 恒定时改变三极管放大倍数 β 输出电流随之改变

4.1.3　保护功能分析

利用参数 ST 对输出短路保护进行设置，ST＝0 时只有 R_{78} 构成限流保护。ST＝1 时双保护同时起作用并进一步减小限流值，以保护功率管 Q_7 免受过流和超额功率的损坏。具体电路与参数设置见图 4.7，其中 R_L 为等效负载电阻，R_B 为 Q_7 基极驱动电阻、用于设置基极电流 I_b，功率三极管 Q_7 电流放大倍数为 β，ST 设置短路保护，ST＝1 输出短路保护起作用，ST＝0 保护无效。

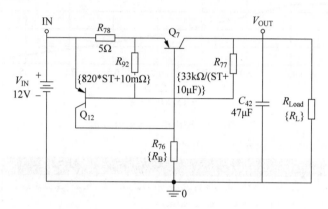

图 4.7　保护功能测试电路

当 R_L＝200Ω 负载较轻时对电路进行测试，此时 R_{78} 未起作用，短路保护也未起作用，输出电压接近于输入电压，瞬态和参数仿真设置、测试波形分别如图 4.8～图 4.10 所示。

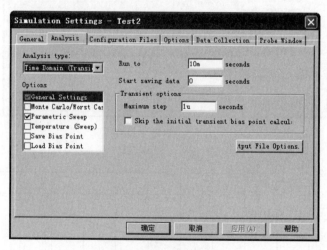

图 4.8　瞬态仿真设置

R_L＝100Ω，ST 分别为 0、1 时，输出电压分别为 6.38V 和 1.57V。ST＝0 时，短路保护无效，Q_7 的 I_c＝6.38/100＝63.8mA，$V_{ec\text{-}Q7}$≈12－6.7＝5.3V，W_{Q7}＝5.3V×63.8mA＝338mW；ST＝1 时，短路保护有效，Q_7 的 I_c＝1.57/100＝15.7mA，$V_{ec\text{-}Q7}$≈12－1.7＝10.3V，W_{Q7}＝10.3V×15.7mA＝162mW。双保护起作用，负载电压降低的同时进一步减小输出电流值，以降低 Q_7 的功率损耗，具体见图 4.11。

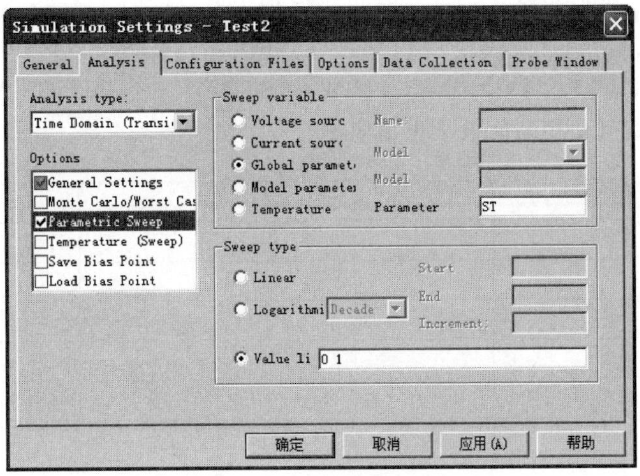

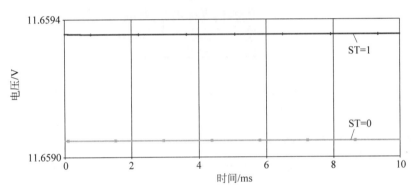

图 4.9 ST 参数仿真设置

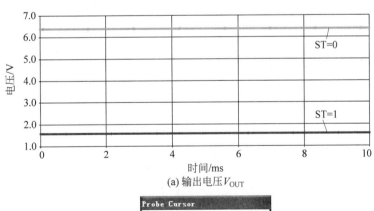

图 4.10 $R_L = 200\Omega$ 且 ST = 0、1 时,输出电压 V_{OUT} 大致相同——约为 11.7V

(a) 输出电压 V_{OUT}

Probe Cursor		
A1 =	4.0004m,	6.3810
A2 =	4.0004m,	1.5724
dif=	0.000,	4.8086

(b) 测试数据

图 4.11 $R_L = 100\Omega$ 且 ST = 0、1 时,测试波形与测试数据

$R_L = 10\,\Omega$，输出近似短路。ST＝0 时短路保护无效，Q_7 的 $I_c = 63.9\,\text{mA}$（由 β 和 R_B 决定）、$V_{ec\text{-}Q7} \approx 12 - 0.4 = 11.6\,\text{V}$，$W_{Q7} = 11.6 \times 63.9\,\text{mA} = 741\,\text{mW}$；ST＝1 时短路保护有效，$Q_7$ 的 $I_c = 8.2\,\text{mA}$、$V_{ec\text{-}Q7} \approx 12 - 0.4 = 11.6\,\text{V}$、$W_{Q7} = 11.6\,\text{V} \times 8.2\,\text{mA} = 95\,\text{mW}$。具体见图 4.12，双保护起作用，负载近似短路时效果更加明显。

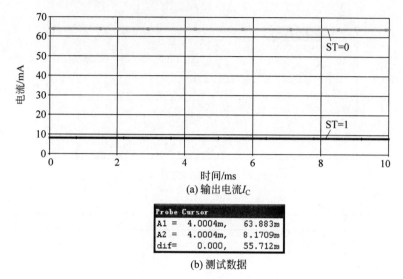

(a) 输出电流 I_C

```
Probe Cursor
A1 =    4.0004m,      63.883m
A2 =    4.0004m,       8.1709m
dif=       0.000,     55.712m
```

(b) 测试数据

图 4.12 $R_L = 10\,\Omega$ 且 ST＝0 和 1 时，输出电流波形与测试数据

4.1.4 实际设计与测试

设计指标：输入电压 15V、输出最大电流 0.5A、负载短路时电流小于 50mA。

输出最大电流 0.5A 由 R_{78} 决定，基本符合公式 $I_{max} = \dfrac{0.6}{R_{78}}$，所以将 R_{78} 设置为 1Ω；另外 R_B 与 Q_7 的 β 值必须保证能够输出最大电流 0.5A，当 Q_7 固定时可以改变 R_B 的参数值来改变 I_b，从而调节输出电流值；输出短路时调节 R_{92} 和 R_{77} 的参数值改变 Q_{12} 的 V_{be} 电压，从而调节短路电流，R_{77} 阻值越小 V_{be} 电压越大，短路电流越小。具体设计电路见图 4.13，其中 R_L 为等效负载电阻，取值 30Ω；R_B 为 Q_7 基极驱动电阻，可以设置基极电流 I_b，取值 5.1kΩ；三极管 Q_7 的电流放大倍数 β 取值 270；ST＝1 表示输出短路保护起作用，否则无效。

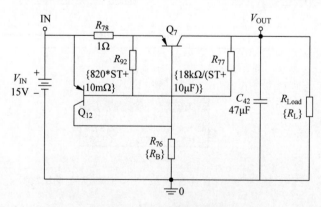

图 4.13 正常工作测试电路

$R_L = 30\Omega$ 时，输出电压约为 14.4V、输出电流约为 480mA，与设置基本一致，具体见图 4.14。

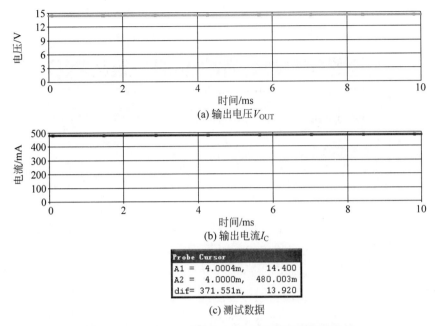

图 4.14 $R_L = 30\Omega$ 时输出电压、电流波形与测试数据

当负载电阻 R_L 为 1Ω 近似短路时输出电压约为 19.8mV、输出电流约为 19mA，短路保护电路起作用，短路电流为 19mA<50mA，符合设计值，电路能够实现功率管输出短路保护，具体见图 4.15。

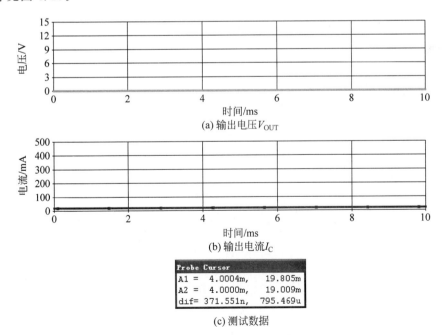

图 4.15 $R_L = 1\Omega$ 时输出电压、电流波形与测试数据

　　负载电阻 R_L 从 1Ω 线性增大到 30Ω 时,输出电压首先增加缓慢,然后快速增大并趋于恒定。负载电流与输出电压变化趋势基本一致,但是当负载电阻 R_L＝24.4Ω 时输出电流达到最大值 582mA;随着 R_L 增大,Q_7 功耗先增大后减小,负载电阻 R_L＝22.1Ω 时 Q_7 功耗达到最大值 2.42W;具体负载直流分析设置、仿真波形与测试数据见图 4.16～图 4.18。

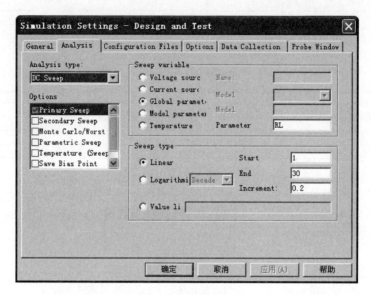

图 4.16　负载直流分析设置

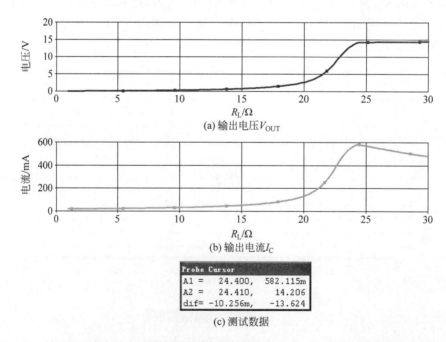

(a) 输出电压 V_{OUT}

(b) 输出电流 I_C

Probe Cursor		
A1 =	24.400,	582.115m
A2 =	24.410,	14.206
dif=	-10.256m,	-13.624

(c) 测试数据

图 4.17　输出电压与负载电流波形和测试数据:负载电阻为 24.4Ω 时输出电流最大 582mA

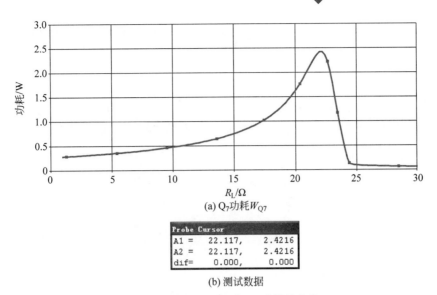

(a) Q_7功耗W_{Q7}

Probe Cursor		
A1 =	22.117,	2.4216
A2 =	22.117,	2.4216
dif=	0.000,	0.000

(b) 测试数据

图 4.18 负载电阻为 22.1Ω 时 Q_7 功耗最大为 2.42W

4.2 MC34161 通用电压监测芯片测试

4.2.1 芯片功能测试

MC34161 为通用电压监测芯片,首先根据数据手册建立其功能模型,然后进行芯片基本功能测试。

MC34161 芯片拓扑结构主要由基准源、比较器、异或门和驱动电路构成,通过配置外部分压电阻进行保护电压设置。为确保芯片受到外部干扰时监测功能稳定,信号输入级采用迟滞比较器,具体电路见图 4.19。

图 4.19 中,MC34161 作为双负极过电压检测器。随着输入电压增大,当 V_{S1} 或 V_{S2} 超过 V_2 时,LED 灯开启发光,输出端电路如图 4.19(b)中虚线所示。当输入电压从峰值降低时,如果 V_{S1} 或 V_{S2} 小于 V_1,LED 灯再次发光。如果已知电阻值,触发时电压为:

$$V_1 = (V_{th} - V_H)\left(\frac{R_2}{R_1} + 1\right)$$

$$V_2 = V_{th}\left(\frac{R_2}{R_1} + 1\right)$$

如果触发电压值确定,则需要电阻为:

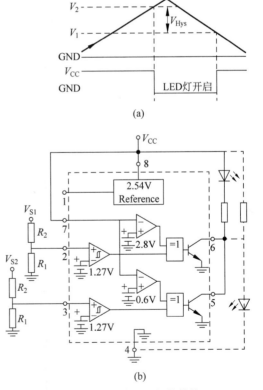

图 4.19 MC34161 拓扑结构

$$\frac{R_2}{R_1} = \frac{V_1}{V_{\text{th}} - V_{\text{H}}} - 1$$

$$\frac{R_2}{R_1} = \frac{V_2}{V_{\text{th}}} - 1$$

利用 CD4030B 构建异或门,脉冲源 V_1 和 V_2 为输入信号,当 V_1 和 V_2 变化时测试输出特性,具体测试电路见图 4.20。输入 IN1 和 IN2 不同时输出高、相同时输出低,具体测试波形见图 4.21。

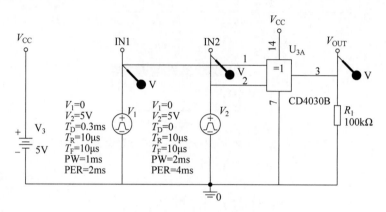

图 4.20　异或门测试电路

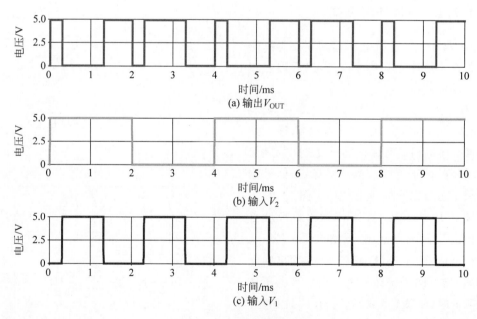

图 4.21　异或门测试波形

MC34161 单组测试电路如图 4.22 所示。因为 $V_{\text{cc}} = 5\text{V}$,所以 U_5 的输出一直为高,当输入源 V_6 电压高于 2.5V 时,迟滞比较器 U_4 输出高电平,所以 V_{OUT1} 为低电平。当输入源 V_6 电压低于 2.5V 时,迟滞比较器 U_4 输出低电平,此时 V_{OUT1} 为高电平,测试波形如图 4.23 所示。

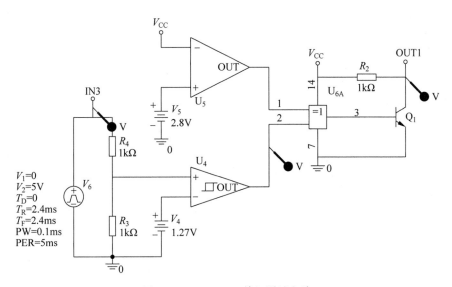

图 4.22 MC34161 单组测试电路

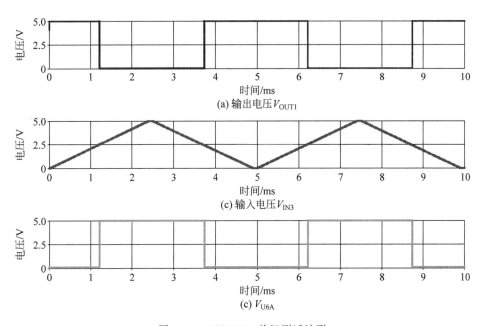

图 4.23 MC34161 单组测试波形

4.2.2 交流电压自动切换

通用市电包括 110VAC 和 220VAC 两种规格,为使设备能够兼容上述两种电压,需要配置交流电压自动切换电路,具体如图 4.24 所示。电阻 R_{11} 和 R_{13} 为 VAC 倍压阈值设定, R_{12} 和 C_3 为时间延迟设定,当监测到输入交流电压低于约 150VAC 时双向可控硅导通,实现倍压整流,使得输出电压保持恒定。

输入交流电压大于 150VAC(例如 VAC=180)时,测试波形如图 4.25 所示,图 4.25(b) 为输出电压波形,图 4.25(a) 为双向可控硅电流波形,此时倍压整流电路未工作。

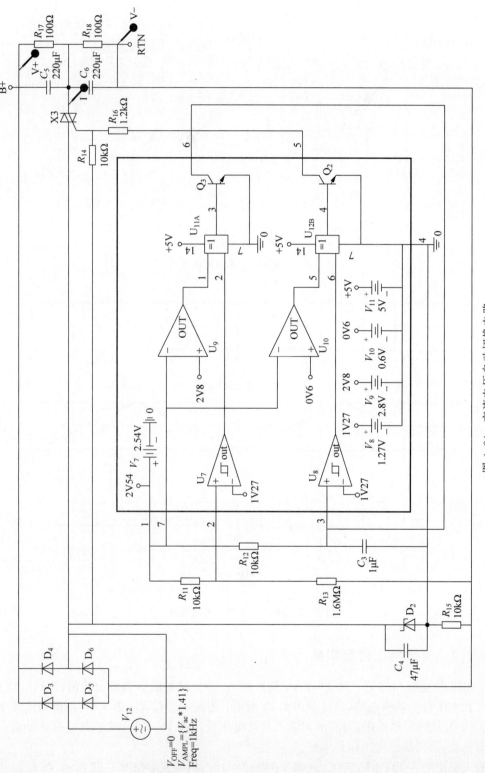

图 4.24 交流电压自动切换电路

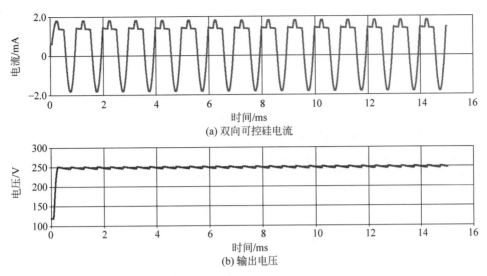

(a) 双向可控硅电流

(b) 输出电压

图 4.25　输入交流电压大于 150VAC 时的测试波形

输入交流电压小于 150VAC(例如 VAC＝140)时,测试波形如图 4.26 所示。图 4.26(b)为输出电压波形,图 4.26(a)为双向可控硅电流波形——倍压电路工作、输出电压加倍。

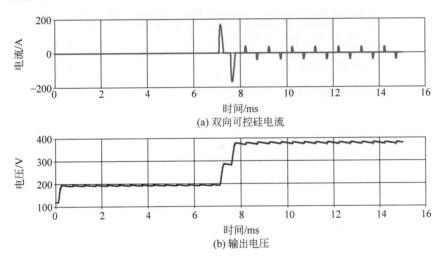

(a) 双向可控硅电流

(b) 输出电压

图 4.26　输入交流电压小于 150VAC 时的测试波形

4.3　漏电流检测

4.3.1　漏电流检测电路原理分析

漏电流检测电路利用高压运放对输入信号进行放大,然后将产生的高压对负载进行激励,以测试特定电压和频率下的漏电流。测试电路如图 4.27 所示,电路进行 10 倍同相放大,最大输出电流 $I_{max}＝0.7/R_{CLv}$,I_{max} 为通过 R_{CL} 的电流,因为通过负载的电流为通过 R_{CL} 和运放 1 脚输出电流之和,所以通过设置参数 R_{CLv} 进行最大输出电流保护设置。高压激励

负载 R_L（参数为 $R_{Lv}=2\text{k}\Omega$）时，通过测试负载电流即可求得漏电流。仿真设置如图 4.28 所示，通常漏电流非常微小，需要利用更高电压对其进行驱动，以及利用高增益对漏电流信号进行放大，测试波形如图 4.29 所示。后续章节将分别对其进行分析和设计。

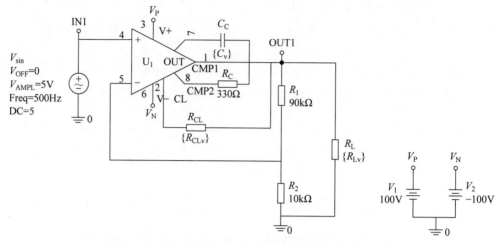

图 4.27　10 倍同相放大电路

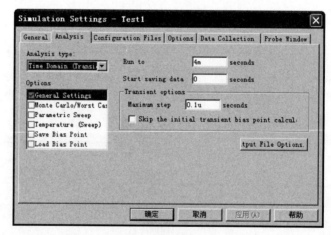

图 4.28　瞬态仿真设置

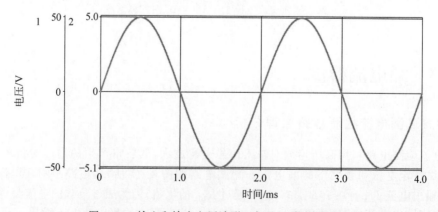

图 4.29　输入和输出电压波形：实现 10 倍同相放大

4.3.2 过流保护测试

高压运放具有过流保护功能,用于自身与负载的安全保护,保护电流 $I_{max}=0.7/R_{CLv}$,利用 R_{CL} 的参数值设定最大输出电流,当负载电阻 $R_L=500\Omega$ 近似短路时对电路进行直流分析,当保护电流 I_{max} 从 1mA 线性增大到 50mA 时测试电路工作特性,直流仿真设置与负载电流波形分别如图 4.30 和图 4.31 所示。设置值与仿真值基本一致,所以设计实际电路时首先根据负载漏电流特性选择合适的参数值 R_{CLv},以便对测量系统及被测负载进行保护。

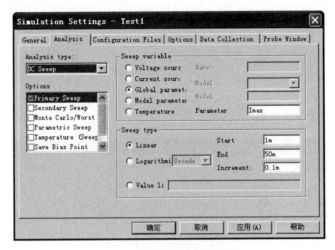

图 4.30 过流保护直流仿真设置

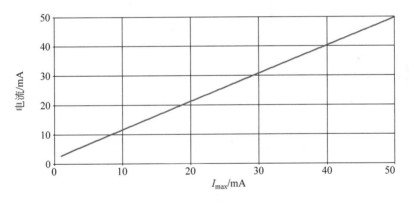

图 4.31 负载电流波形

4.3.3 频域补偿测试

为保证测试系统的稳定性,需要对其进行频域测试,具体测试电路如图 4.32 所示,仿真设置如图 4.33 和图 4.34 所示。测试波形如图 4.35 所示,交流频率范围为 $1\sim10MHz$,当补偿电容 C_{c1} 的参数值 C_v 分别为 1pF、10pF 和 100pF 时,通过输出电压频率特性曲线可知 C_v 越小输出峰值越大,实际设计时根据带宽和负载特性合理选择补偿电容值,以使系统能够稳、准、快地工作。

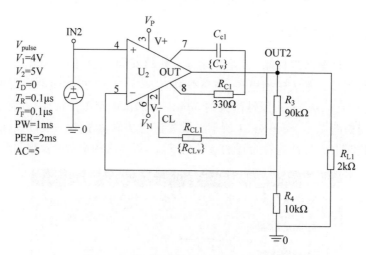

图 4.32 脉冲时域与交流频域测试电路

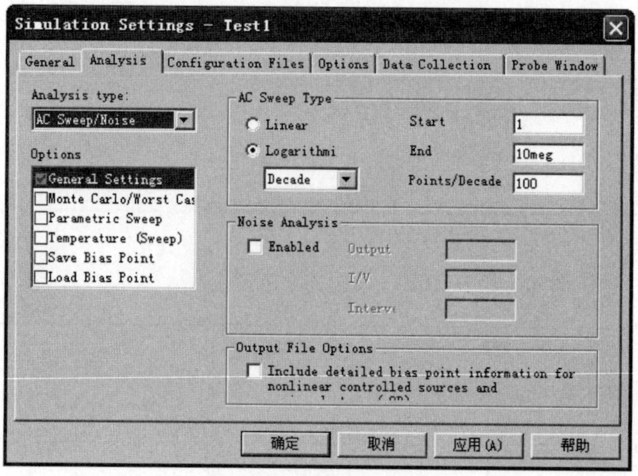

图 4.33 交流仿真设置

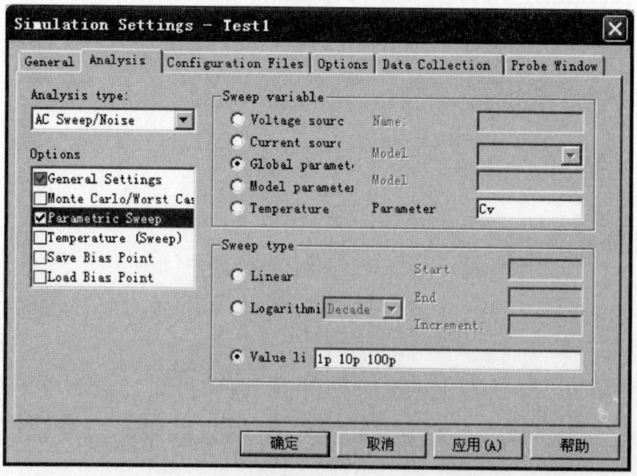

图 4.34 补偿电容参数仿真设置

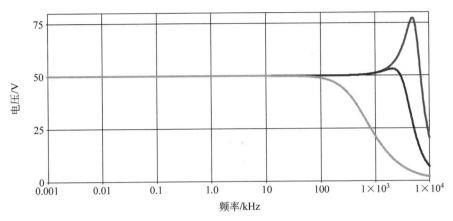

图 4.35　输出电压频率特性曲线

4.3.4　时域补偿测试

接下来对电路进行时域测试,以验证补偿电容效果以及频域与时域测试的一致性,仿真设置如图 4.36 和图 4.37 所示。测试结果如图 4.38 所示,由测试结果可知频域与时域保持一致,频域峰值对应时域过冲。

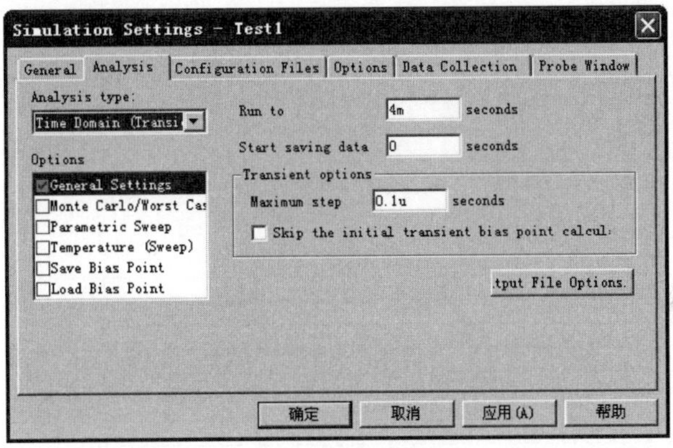

图 4.36　瞬态仿真设置

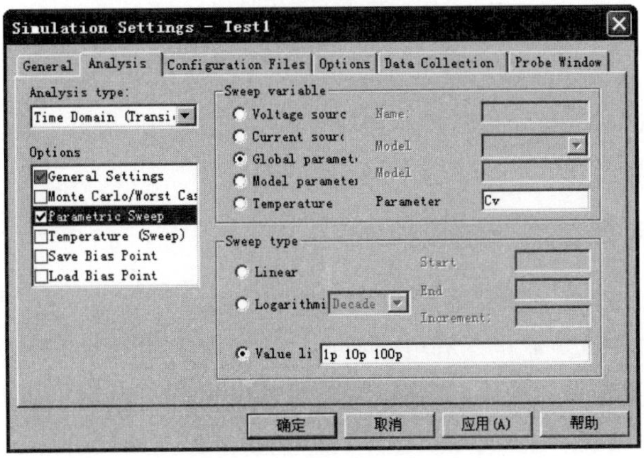

图 4.37　C_v 参数仿真设置

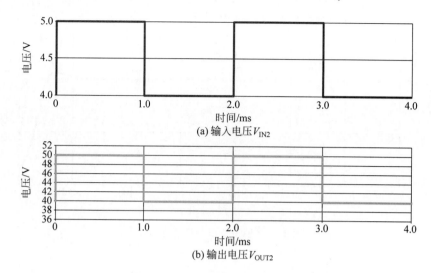

图 4.38 输入、输出电压仿真波形

输入上升沿中,C_v 越小,输出过冲越大,$C_v=1\text{pF}$ 时输出过冲约 2V,即 $2/10=20\%$。但是 C_v 越小,输出电压上升越快,具体见图 4.39。

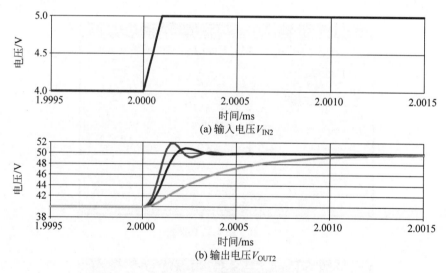

图 4.39 上升沿测试波形

输入下降沿时,C_v 越小,输出过冲越大,$C_v=1\text{pF}$ 时输出过冲约 2V,即 $2/10=20\%$,但是 C_v 越小,输出电压下降越快,具体见图 4.40。

4.3.5 输出电压范围与过流保护

$R_{\text{Lv}}=1\text{k}\Omega$、$I_{\max}=50\text{mA}$ 时测试输出电压范围:电路进行直流分析,当输入电压从 -10V 线性增大至 $+10\text{V}$ 时测试负载电压和电流波形。仿真设置如图 4.41 所示。

$R_{\text{Lv}}=1\text{k}\Omega$ 时对电路进行测试,输出电压受最大电流和负载阻值限制,输出电压最大值为 $1\text{k}\Omega\times50\text{mA}=50\text{V}$,最小值为 $1\text{k}\Omega\times(-50\text{mA})=-50\text{V}$,计算值与仿真结果一致,具体见图 4.42。

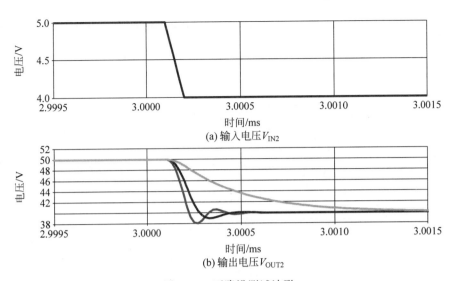

(a) 输入电压 V_{IN2}

(b) 输出电压 V_{OUT2}

图 4.40 下降沿测试波形

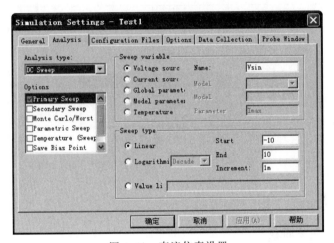

图 4.41 直流仿真设置

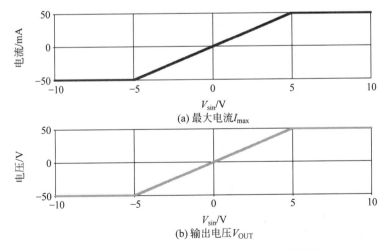

(a) 最大电流 I_{max}

(b) 输出电压 V_{OUT}

图 4.42 负载电阻参数值 $R_{Lv}=1k\Omega$ 时的测试波形

$R_{Lv}=5\text{k}\Omega$ 时对电路进行测试,输出电压最大值为 91.54V、最小值为 -91.54V,轻负载时输出电压范围受供电电压限制,具体见图 4.43。

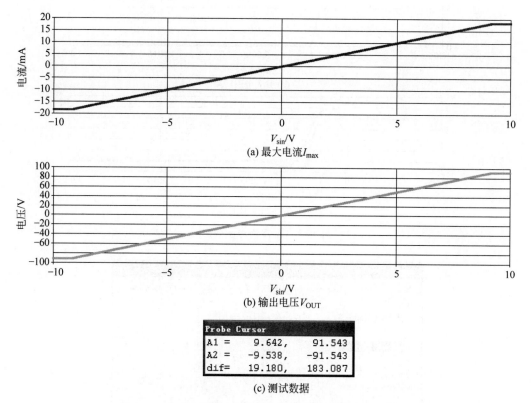

(a) 最大电流 I_{max}

(b) 输出电压 V_{OUT}

Probe Cursor		
A1 =	9.642,	91.543
A2 =	-9.538,	-91.543
dif=	19.180,	183.087

(c) 测试数据

图 4.43 负载电阻参数值 $R_{Lv}=5\text{k}\Omega$ 时的测试波形与数据

4.3.6 整机测试

1. 正弦波激励瞬态测试

利用正弦波对被测负载进行激励,交流信号由参考源产生,然后利用“10 倍放大+升压变压器”进行升压。输出电压计算公式为:
$$V_{\text{out}}=V_{\text{OUT1}}-V_{\text{OUT2}}=V_{\text{out}}\times 0.1-(-V_{\text{out}}\times 0.9)=V_{\text{out}}\times 0.1+V_{\text{out}}\times 0.9$$
电流计算与 R_1 有关,所以实际测试时应该仔细考虑,可以通过对 OUT1、OUT2 分别进行测试然后根据电阻值进行计算,如此应该非常准确。具体电路见图 4.44。

电路进行瞬态仿真分析,具体仿真设置、输出电压和负载电流波形分别如图 4.45 和图 4.46 所示,电路实现输入/输出电压 100 倍同相放大。负载电流可通过 FB 和 IS 两点的电压计算:
$$I_{\text{Load}}=\frac{V_{\text{IS}}}{100}-\frac{0.9\times V_{\text{FB}}}{1\times 10^4}$$

2. 闭环交流测试

电路进行闭环交流测试,同时对补偿参数值 C_v 进行参数扫描,仿真设置与测试波形分别如图 4.47~图 4.49 所示。由仿真分析结果可知,C_v 越小,输出电压峰值越大,从而可以根据实际测试结果对补偿电容进行调整,以满足设计指标要求。

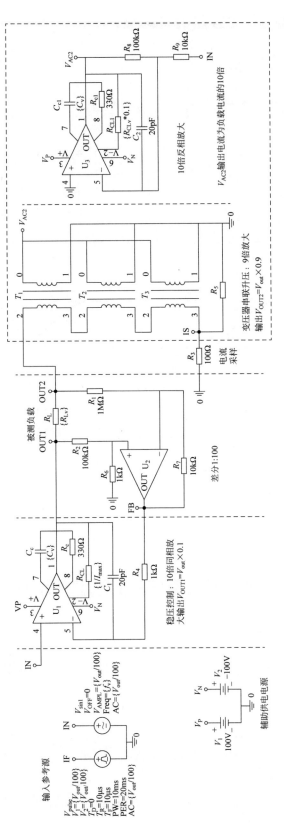

图 4.44 正弦波激励测试电路

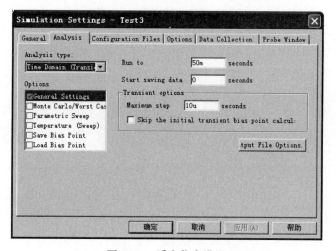

图 4.45　瞬态仿真设置

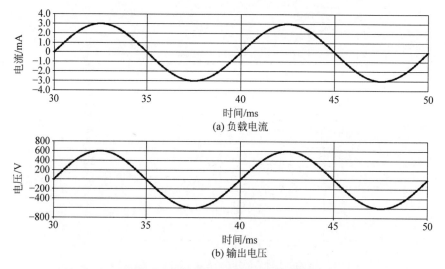

(a) 负载电流

(b) 输出电压

图 4.46　输出电压和负载电流波形

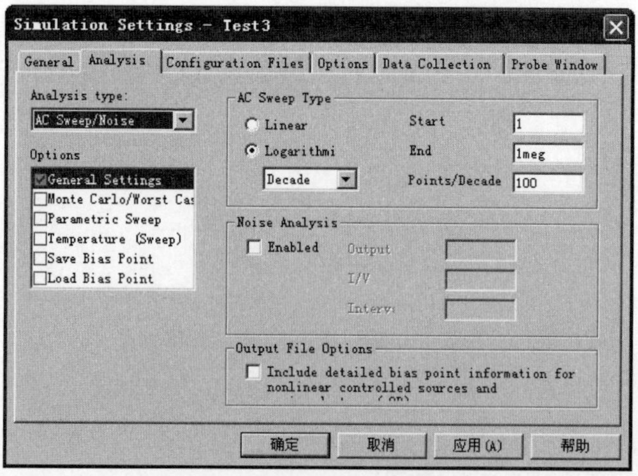

图 4.47　交流仿真设置

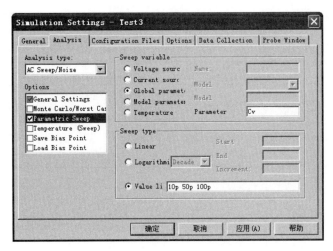

图 4.48　补偿电容参数设置

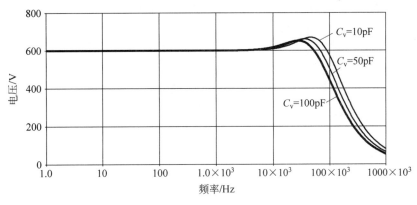

图 4.49　输出电压波形

3. 脉冲激励闭环时域测试

利用脉冲信号 V_{pulse} 对电路进行闭环测试,瞬态和 C_v 参数共同分析,V_{pulse} 设置见图 4.44。输入与输出电压波形、输出电压上升与下降沿测试波形分别如图 4.50、图 4.51、图 4.52 所示,电路实现输入/输出 100 倍同相放大,补偿电容 C_v 参数值越小,输出电压上升沿和下降沿过冲越大,所以根据实际测试结果对补偿电容 C_v 参数值进行调整,以满足设计指标要求。

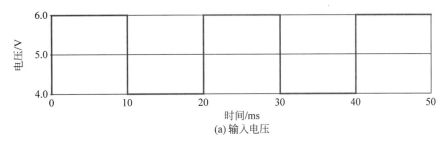

(a) 输入电压

图 4.50　输入与输出电压波形

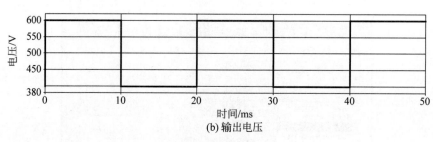

(b) 输出电压

图 4.50 （续）

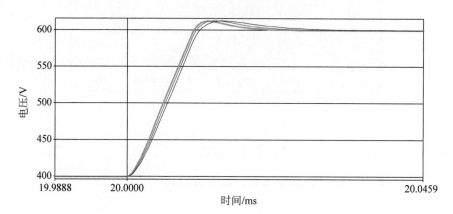

图 4.51　输出电压上升沿测试波形

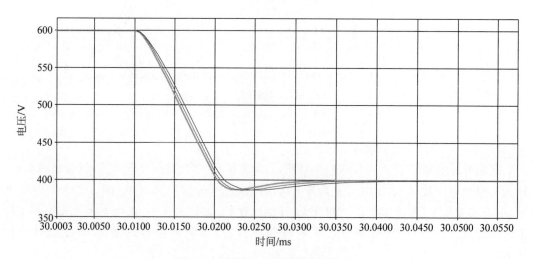

图 4.52　输出电压下降沿测试波形

4.4　开关电源保护电路

本节主要对开关电源——家用电磁炉中的保护电路进行系统分析,保护功能包括输入保护、浪涌保护、过压保护、过流保护、温度保护,另外对该电源中的取电、驱动、直流风扇驱动与控制、过零检测、辅助供电、市电取电等电路进行简单分析,具体电路见图 4.53。

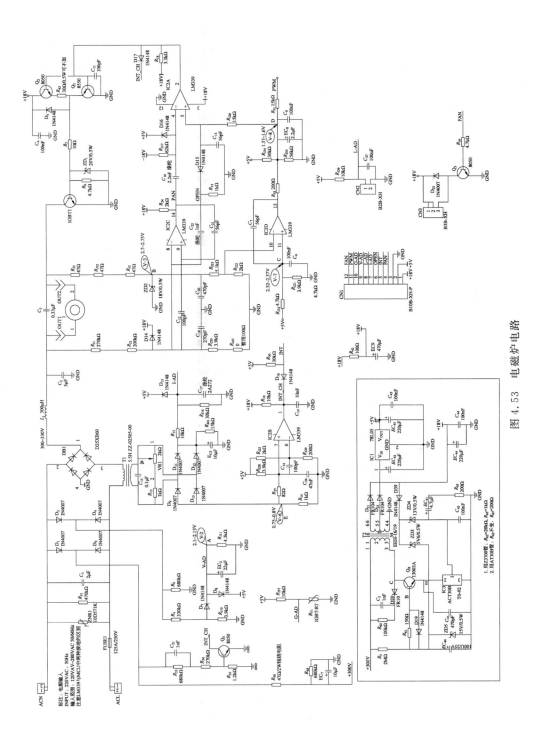

图 4.53 电磁炉电路

4.4.1　开关电源工作原理分析

主电路工作于 ZVS 谐振方式,利用电容 C_r 和变压器漏感进行谐振,以实现开关 ZVS 功能。该电源采用 IGBT 作为开关,由于该电路只用于分析工作原理,所以利用脉冲源对 IGBT 进行驱动,通过调节脉冲源占空比测试零电压是否达到,并且开关频率根据负载特性进行具体设置,具体测试电路见图 4.54。

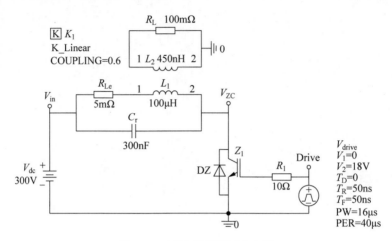

图 4.54　ZVS 谐振测试主电路

对电路进行瞬态仿真测试,Z_1 和 DZ 的耐压非常重要,过压击穿之后工作状态将发生很大变化。空心变压器电感 L_1、L_2 和耦合系数 K_1 非常重要,驱动信号 $V_{\text{drive}+}$ 开通和关断瞬间 IGBT 集电极电压 V_{ZC} 均接近 0V——零电压开通和关断,此时输出平均功率约为 1.5kW,IGBT 平均功耗约为 26W。瞬态仿真设置和测试波形分别见图 4.55 和图 4.56。

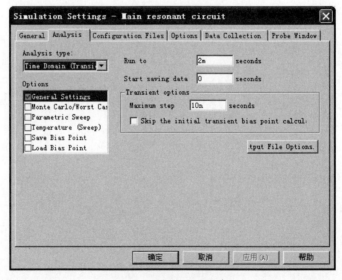

图 4.55　瞬态仿真设置

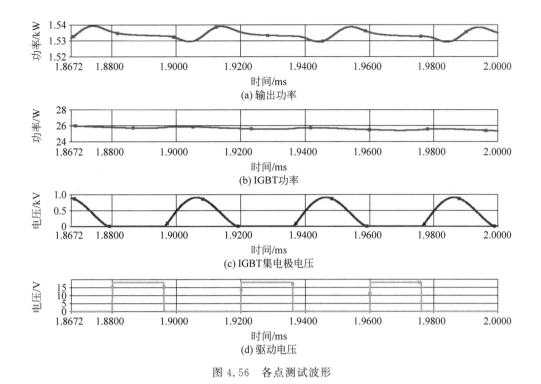

图 4.56　各点测试波形

1. 同步和自激电路工作原理分析

同步和自激电路主要用于跟踪谐振波形,提供合理的 IGBT 导通起点,提供脉冲检锅信号,具体电路见图 4.57。其工作原理为:采用电阻分压及电容延时方式跟踪谐振电路两端电压变化,自激振荡回路、启动工作 OPEN 口、检测合适锅具 PAN 口;R_{J1}、R_{J2} 和 R_{J3}、R_{J5}、R_{J52} 分别接到谐振电容与线盘两端,静态时 A(一端)比 B(+端)电压要低(通常两端电压压差在 0.2~0.4V 比较理想),C 点输出高电平;C_{16} 电容两端均为高电平,所以不起作用,D 点由于连接 R_{J17} 上接电阻也被拉高,静态时 OPEN 端口通常被 MCU 设置为低电平,由于 E 点与 OPEN 端口连接二极管 D15,当 OPEN 端口被置低时 E 点电压钳位在 0.7V,此时 D(一端)电压比 E(+端)电压高,导致 I 点(2 脚)输出低电平,控制 IGBT 关闭,电源不能加热;C_{18}、C_{20} 电容用于调节谐振电路同步,减少噪音及温升过高;C_{21} 为反馈电容,当 14 脚输出低电压时反馈信号连接到 9 脚,使 9 脚电压拉低,加速 14 脚更快达到低电平。

无锅开机启动具体测试说明(关键点检测波形见图 4.58)如下。

(1) 首先在 G 点发出脉宽十几微秒的高电平(检锅脉冲)信号,通常每秒一次,E 点由于二极管 D_{15} 作用反偏截止,由 PWM 端口输出脉宽由电容平波后送到 E 点,E 点电压也有十几微秒高电平,由于 OPEN 端口瞬间高电平输出,由于电容 C_{22} 耦合作用,A 点(一端)瞬间升到 5V,A 点电压比 B 点(+端)高,C 点输出低电平;电容 C_{16} 同样发挥耦合作用,将 D 点电压拉低,所以 E 点电压比 D 点电压高,I 点输出高电平,IGBT 导通,LC 组合开始产生振荡。

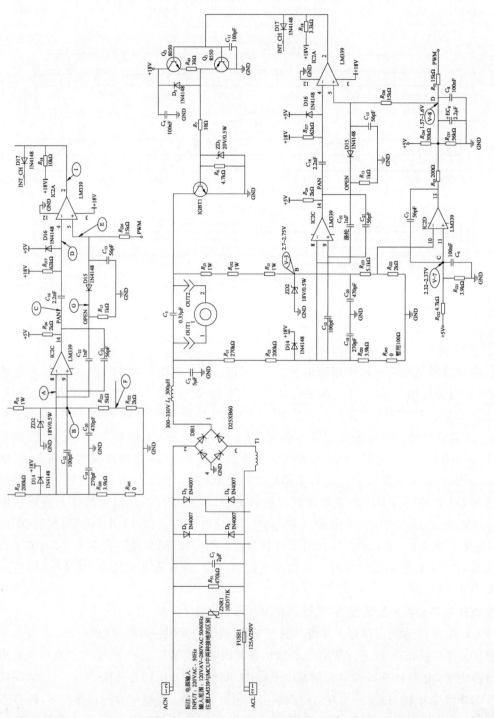

图 4.57 同步和自激电路

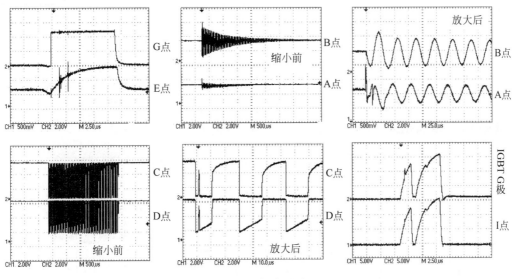

图 4.58　无锅检测波形

（2）启动后在 C 点产生一连串脉冲波形，放上锅具时 LC 组合产生的振荡好似与负载串联，很快将其储能消耗殆尽，在 C 点产生的脉冲数量也减小，CPU 通过检测端口检测 C 点脉冲数量以判断是否有锅或放入合适锅具。无锅或锅具不适合时谐振后波形衰减很慢，检测脉冲数量具大。另外，如果一直检测到高电平，说明线盘未接好或同步电路出现问题。

（3）当检测到合适锅具时，因为谐振后波形衰减很快，所以检出脉冲数量会很少；CPU 设置 G 点（OPEN）一直输出高电平进行工作，E 点电压由 PWM 输出脉宽控制，最终实现功率输出控制；各点工作波形如图 4.59 所示。

CPU 通过 PAN、OPEN 检测控制脚输出控制信号。

（1）OPEN 端口工作过程中保持高电平，干扰中断信号出现时输出低电平，2s 后回复高电平继续工作，关机时为低电平，检锅时发出十几微秒高电平后关断。

（2）PAN 口开机时检测是否有合适锅具，通过检测脉冲数量判断是否加热；此处该端口一直作为输入口（也可用于启动工作和检测脉冲数量双重作用）。

（3）此电路异常时出现不检锅、IGBT 温升过高、噪音大等故障。

2. 同步和自激电路测试

测试时，同步信号 C_{20} 与 R_{J23} 的固有频率应为 L_{T1} 与 C_r 谐振频率的 2 倍，具体测试电路见图 4.60。

（1）瞬态测试。正常工作时，IGBT 实现 ZVS 零电压开关，具体仿真设置和测试波形分别如图 4.61 和图 4.62、图 4.63 所示。

（2）功率调节测试。电压源 V_{pwm} 电压值对应输出功率，当其电压分别为 2V、3V、4V 时的负载平均功率分别近似为 500W、980W、1.6kW，所以通过 CPU 控制 V_{pwm} 电压进行负载功率调节；需要低功率输出时由 CPU 控制 OPEN 使得主电路间歇工作；具体测试波形和数据见图 4.64。

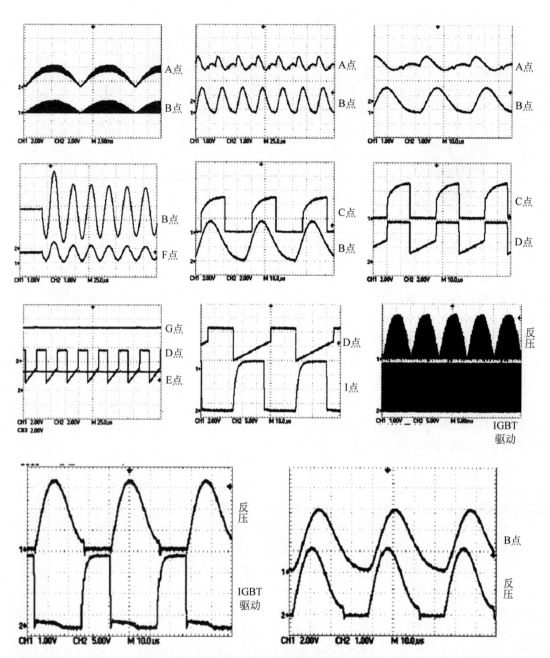

图 4.59　正常工作测试波形

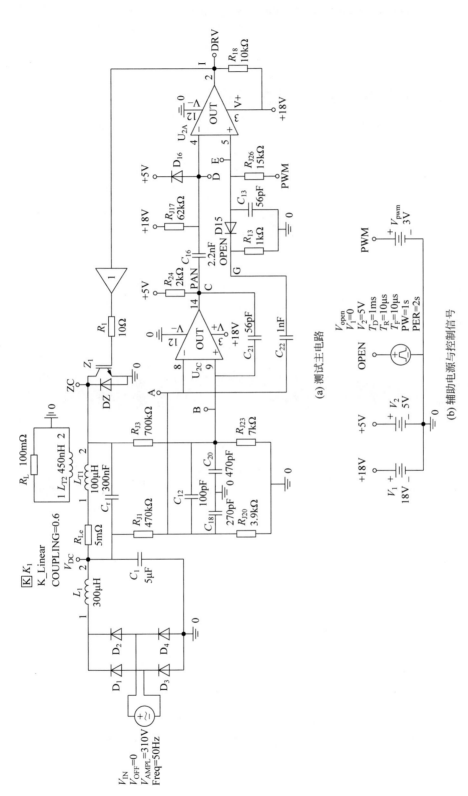

(a) 测试主电路

(b) 辅助电源与控制信号

图 4.60 同步和自激仿真测试电路

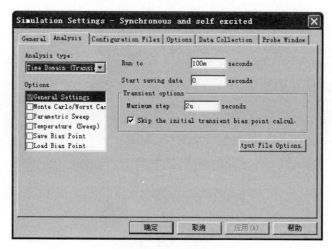

图 4.61　瞬态仿真设置

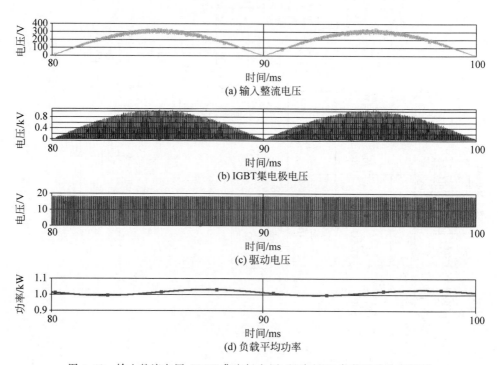

(a) 输入整流电压

(b) IGBT集电极电压

(c) 驱动电压

(d) 负载平均功率

图 4.62　输入整流电压、IGBT 集电极电压、驱动电压、负载平均功率波形

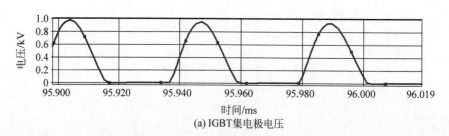

(a) IGBT集电极电压

图 4.63　IGBT 集电极电压和驱动电压放大波形——IGBT 实现 ZVS 零电压开关

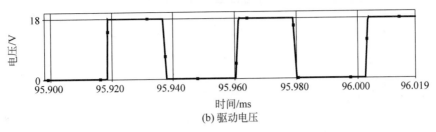

(b) 驱动电压

图 4.63 （续）

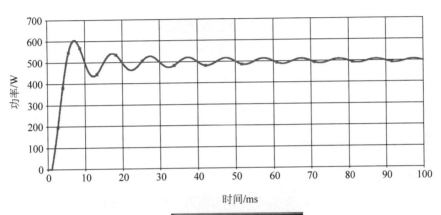

Probe Cursor		
A1 =	80.085m,	499.118
A2 =	80.085m,	499.118
dif=	0.000,	0.000

(a) V_{pwm}=2V时负载平均功率波形和测试数据——500W

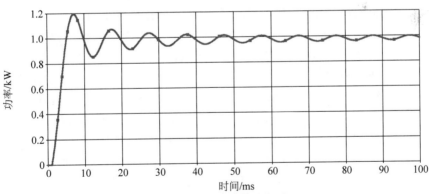

Probe Cursor		
A1 =	80.087m,	980.768
A2 =	80.087m,	980.768
dif=	0.000,	0.000

(b) V_{pwm}=3V时负载平均功率波形和测试数据——980W

图 4.64 负载功率波形与测试数据

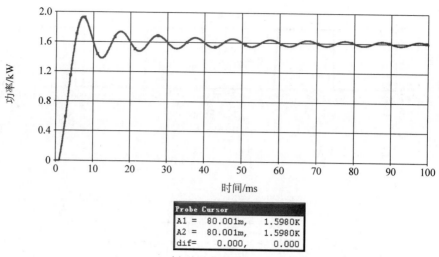

(c) V_{pwm}=4V时负载平均功率波形和测试数据——1.6kW

图 4.64 （续）

4.4.2 电流保护电路测试

1. 电流保护电路工作原理

电路保护电路是浪涌保护电路,监控输入电网的异常变化,存在异常时关断 IGBT 进行保护。

正常工作时 LM339 的 1 脚内部三极管截止,电阻 R_{19} 将 1 脚电压变为高电平,当市电输入端出现大电流时 1 脚内部三极管导通并输出低电平,CPU 连接的中断口经过二极管 D18 被拉低,CPU 检测到低电平时发出命令使 IGBT 关断,起到安全保护作用,此保护属于软保护,另外还有硬保护,1 脚内部三极管导通时使其输出低电平,直接拉低驱动电路的输入电压,从而关断 IGBT 的 G 极,保护 IGBT 不被击穿,通常判断软保护或硬保护方法——软保护时设置 2s 后才起动,硬保护起动时间很快、远远低于 2s;C 点电压由于选择地为参考点,静态时 C 点电压由 R_{J28}、R_{27}、R_{14} 电阻分压所得,正常工作时互感器感应输入端电流,C 点电压将会下降,电流越大 C 点电压越低,A 点电压也会下降,B 点为 LM339 负端 R_{J29}、R_{J25} 分压后的基准电压,当 A 点电压下降到 B 点电压以下时 LM339 反转,D 点输出低电平时拉低中断口,通过调节输入正负端参数改变干扰灵敏度;利用工具查看两输入端在最大功率工作时比较电压越接近越稳定,但是需要防止出现太过灵敏而导致中断间隙太小,因为开关电源通常干扰比较大,尤其最大功率最大电流时干扰最容易出现;CPU 根据中断口检测电源输入端的浪涌电流,程序检测到低电平时停止工作,保护 IGBT 不受浪涌电流击穿;该电路异常出现时检锅不工作、爆机不保护;具体电路和测试波形见图 4.65。

2. 电流保护电路仿真测试

过流保护仿真电路如图 4.66 所示,等效电流源提供 50Hz 交流电流 I_{main} 和脉冲干扰电流 I_{pulse},分别用于测试限流保护和脉冲干扰保护,辅助供电提供 18V 和 5V 辅助电源。电流采样、整流、滤波将交流电流信号转化为直流电压信号,用于过流比较电路和 CPU 检测。限压与检测电路将电流-电压转化信号输入 CPU,并利用 D_{19} 进行限压保护。中断处理电路

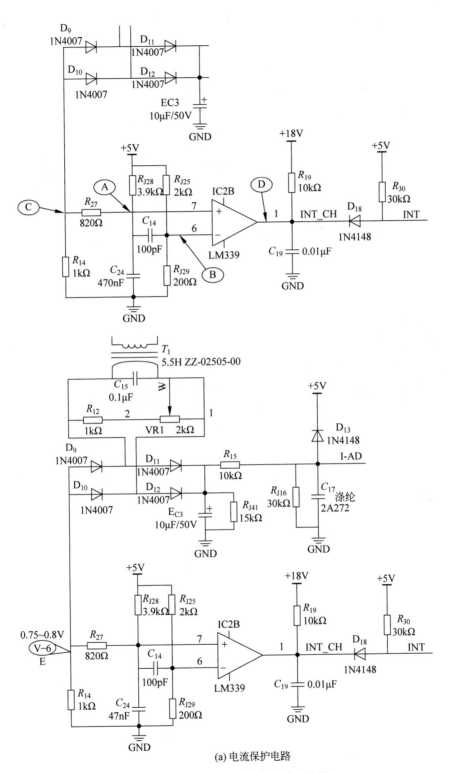

(a) 电流保护电路

图 4.65 电流保护电路与实际测试波形

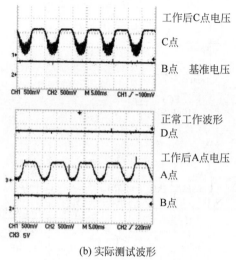

(b) 实际测试波形

图 4.65 （续）

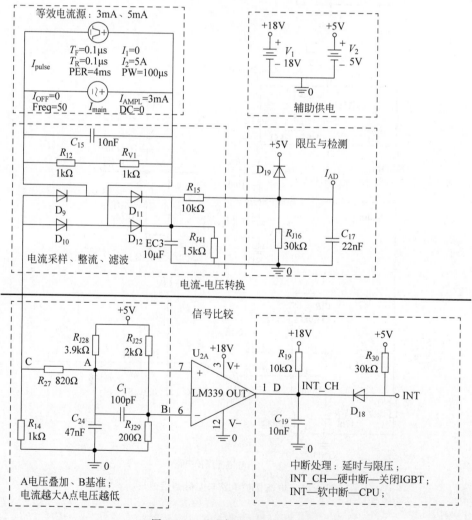

图 4.66 过流保护仿真测试电路

包括延时与限压,其中 INT_CH 为硬中断(关闭 IGBT),INT 为软中断(CPU 监测)。信号比较电路将市电电流与基准电压进行比较,实现电流保护功能。

(1) 正常工作仿真测试。正常工作也采用图 4.66 所示电路,输入电流小于过流设置值,LM339 的引脚 7 电压高于 6 脚电压,引脚 1 集电极开路,D 点和 INT 点均为高电平。仿真设置如图 4.67 所示,图 4.68~图 4.72 分别为仿真与实际测试波形对比——二者基本一致。

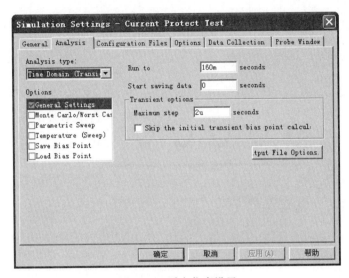

图 4.67　瞬态仿真设置

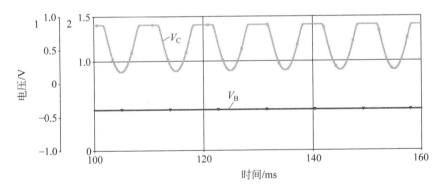

图 4.68　B 点和 C 点仿真波形

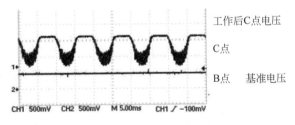

图 4.69　B 点和 C 点实际波形

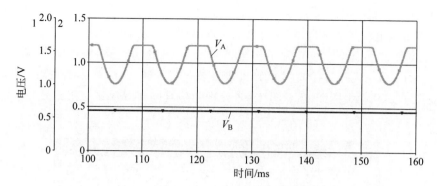

图 7.70　A 点和 B 点仿真波形

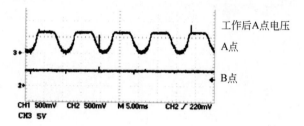

图 4.71　A 点和 B 点实际波形

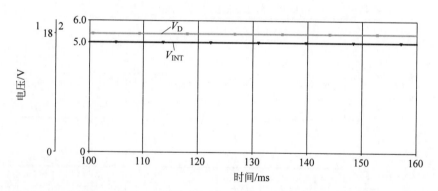

图 4.72　硬中断 D 点和软中断 INT 点电压波形——正常工作时两点均为高电平

（2）过流保护仿真测试。I_{main} 电流从 5mA 线性增大至 15mA。I_{main} 小于约 9.2mA 时，D 点和 INT 点均为高电平，保护不起作用；I_{main} 大于约 9.2mA 时，D 点和 INT 点均为低电平，保护起作用。通过电阻参数改变 A 和 B 点电压值从而进行过流值调节。直流仿真设置和测试波形与数据分别如图 4.73 和图 4.74 所示。

（3）脉冲干扰保护仿真测试。I_{pulse} 为 5mA 脉冲电流源、I_{main} 为 0 时对电路进行瞬态测试，具体仿真电路如图 4.66 所示。当脉冲电流出现时，电容 C_{24}、C_{14} 和 R_{J25} 进行分压，使得 LM339 的引脚 6 电压高于引脚 7，所以引脚 1 集电极短路输出低，D 点和 INT 点均为低电平，中断保护起作用，干扰消失时电路恢复正常工作，CPU 软中断进行计数处理，如果干扰反复出现则关机进行整体保护；电容 C_{19} 使得保护到来时快速关闭 IGBT，保护消失时缓慢开通 IGBT；测试波形如图 4.75 所示。

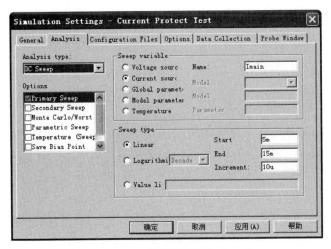

图 4.73 I_{main} 直流仿真设置，I_{pulse} 为 0

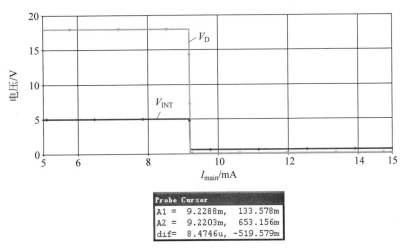

图 4.74 D 点和 INT 点电压波形和测试数据

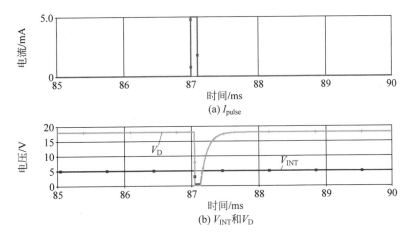

图 4.75 脉冲干扰测试波形

4.4.3　市电输入过压保护电路测试

1．市电输入过压保护电路工作原理

市电输入过压保护电路是高压保护电路,监控输入电网的异常变化,存在异常时关断 IGBT 进行保护。测试电路与正常情况时 A 点波形分别如图 4.76 所示。

其电路工作原理主要如下所述。

(1)电路具有电流和电压双重保护功能,电阻 R_{53}、R_{54}、R_{J55} 组成分压电路,输入电压超过正常设定电压值时 A 点电压将会升高,达到或超过三极管 Q_5 的基极导通电压 0.7V 时 Q_5 一直导通,由于三极管的 C 极连接 LM339 的 1 脚,即中断口,所以程序检测到低电平后关闭输出,保护 IGBT 及主回路器件不被烧毁。

(2)出现电压浪涌时与 R_{53} 的并联电容 C_{28} 起作用,因为电容两端电压不能突变,所以瞬间电压发生变化时电容相当于短路(交流耦合),A 点电压瞬间变高,使得 Q_5 导通,从而 CPU 中断口得到响应。

(3)市电输入电压保护电路发生异常时检锅电路不工作、爆机不保护。

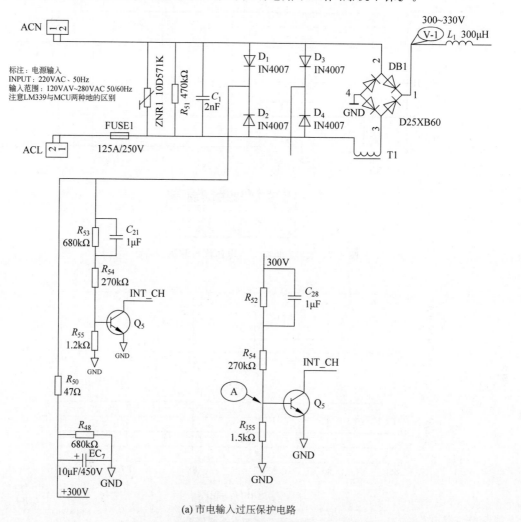

(a) 市电输入过压保护电路

图 4.76　市电输入过压保护电路与测试波形

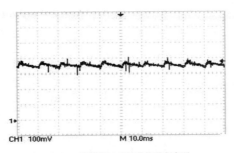

(b) Q_5基极即A点实际测试波形

图 4.76 （续）

2. 市电输入电压保护电路测试

市电过压保护仿真电路如图 4.77 所示,其中 V_P 为输入浪涌电压峰值;INTCH 为硬中断保护信号;DRV 是驱动信号;$V_{protect}$ 为保护电压的计算值。市电输入电路由脉冲源 V_{pulse} 等效,当市电电压超过一定值时 Q_5 导通,将硬中断信号 INTCH 拉低,从而使得驱动信号 DRV 同时为低,导致 IGBT 关闭,实现市电过压保护;当市电中存在脉冲干扰信号时 C_{28} 交流耦合,使得 Q_5 的基极电压升高,同样实现市电过压保护。

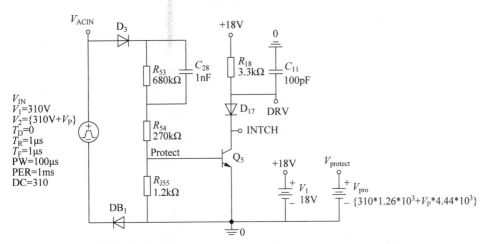

图 4.77 市电过压保护仿真测试电路

（1）瞬态仿真测试。V_{IN} 浪涌输入时 C_{28} 等效短路,R_{54} 和 R_{J55} 对输入电压分压后控制 Q_5 导通与断开,利用叠加原理进行计算,脉冲电压 VP 比例系数为 4.44m;当计算保护电压 $V_{protect} > 0.7V$ 时 Q_5 导通,保护电路起作用;310V 直流产生 387mV 保护电压,当 $V_P > (700-387)/4.44 = 70.5V$ 时浪涌保护开始起作用;瞬态仿真设置和仿真波形分别如图 4.78 和图 4.79 所示,当市电输入电压瞬间升高时中断保护信号 V_{INTCH} 和驱动信号 V_{DRV} 均变低,实现 IGBT 的市电高压干扰信号保护,由于 C_{28} 只对高频信号起作用,所以当干扰脉冲高电平时间很长时保护失效,V_{INTCH} 和 V_{DRV} 逐渐变为高电平,IGBT 恢复正常工作,只要此时输入 V_{IN} 总电压不高于直流保护电压值即可。

（2）市电过压保护直流仿真测试。C_{28} 等效开路,R_{53}、R_{54}、R_{J55} 对输入电压分压后控制 Q_5 导通与断开,电压比例为 1.26×10^3;V_{IN} 从 100V 增大到 1kV,当 V_{IN} 电压大于 500V 时驱动

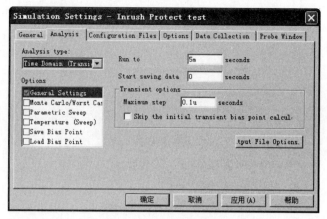

图 4.78 瞬态仿真设置

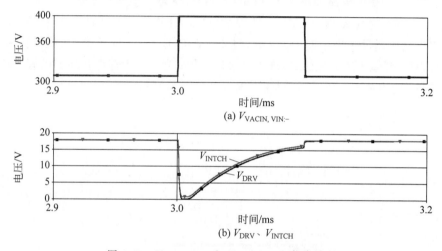

(a) $V_{\text{VACIN, VIN}:-}$

(b) V_{DRV}、V_{INTCH}

图 4.79 $V_{\text{VACIN, VIN}:-}$ 和 V_{DRV}、V_{INTCH} 仿真波形

电压 V_{DRV} 逐渐降低,当 V_{IN} 约为 600V 时 V_{DRV} 降到约 5.2V,IGBT 逐渐完全关断,通过调节 R_{J55} 阻值改变市电过压保护值;直流仿真设置如图 4.80 所示,电压波形和测试数据如图 4.81 所示。

图 4.80 V_{IN} 直流仿真设置

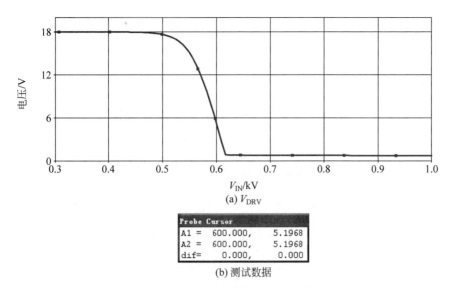

图 4.81　V_{DRV} 电压波形和测试数据

4.4.4　供电过压和欠压保护测试

1. 供电过压和欠压保护工作原理

输入供电过压和欠压保护测试电路主要检测电路工作在何种输入电压量程,判断是否进行高低压保护,具体电路与测试波形见图 4.82。

电路工作原理:交流市电由整流管整流成脉动直流电压,然后通过 R_4 与 R_{J10}、R_{J11} 分压,二极管 D_7 将 AD 检测口与输入端隔离,电容 EC_2 将整流电压滤波平滑后送到 CPU 端口进行分析,不受输入端影响,二极管 D8 使得 AD 最高输入电压钳位在 5.7V,从而保护 CPU 端口不被高压击穿;正常市电输出时的 AD 输入电压比较稳定。

CPU 检测到输入电压信号后发出动作命令。

(1) 判别输入电压是否符合允许范围,否则停止加热并发出报警信号。

(2) 判别输入电压是否为高电压,根据输出功率是否为低功率(1300W 以下)进行升功率控制,旨在减小 IGBT 在高压小功率时出现硬导通即 IGBT 提前导通,以减小 IGBT 温升,根据高功率(1800W 以上)配合炉面传感器是否检测到线盘温升高,如果温升高则适当降低功率,从而保证线盘不因温升高而烧毁。

(3) 与电流检测电路协调计算实际输出功率,CPU 智能计算功率值再与 CPU 内部设定的功率值进行对比,然后控制 PWM 脉宽以稳定输出功率。

(4) 与电流 AD 采样相配合,保持高压时恒定功率输出。

(5) 该电路异常时高低压无保护、间歇加热、功率受限。

2. 供电过压和欠压保护仿真测试

具体电路如图 4.83 所示,其中参数 V_{ac} 为输入交流电压有效值(电路中取值为 220V)。市电输入由正弦波 V_{IN} 等效,然后通过二极管进行整流,EC_2 在交流时容抗影响分压值,所以 V_{AD} 需要修正;R_{J10} 与 EC_2 并联后再与 R_4 分压,因为 V_d 为半波整流交流电压,电容 EC_2 的容抗对分压比例产生影响。

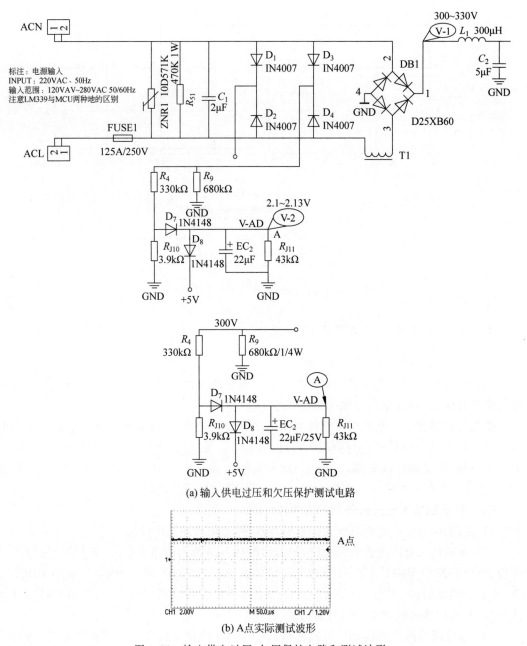

(a) 输入供电过压和欠压保护测试电路

(b) A 点实际测试波形

图 4.82　输入供电过压、欠压保护电路和测试波形

（1）瞬态仿真测试。为减少仿真时间，将输入正弦波频率设置为 1kHz，瞬态仿真设置和测试波形分别如图 4.84 和图 4.85 所示，改变 R_{J10} 阻值调节 CPU 采样电压值，进行量程校对。

（2）直流仿真测试。V_{IN} 交流有效值从 100V 增大至 600V 时 V_{VAD} 近似线性增大；当 V_{IN} 电压大于约 400V 时 V_{VAD} 被限压到约 5.5V，从而形成对 CPU 输入端口保护。直流仿真设置、测试波形和测试数据分别如图 4.86 和图 4.87 所示。

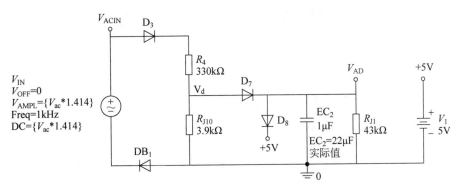

图 4.83　市电过压和欠压保护仿真测试电路

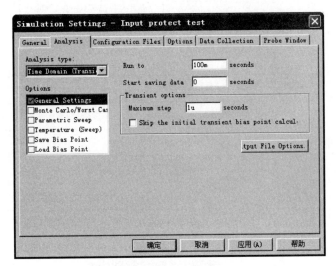

图 4.84　瞬态仿真设置

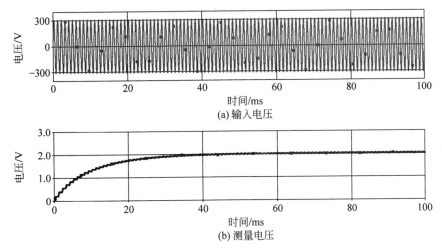

图 4.85　市电输入电压和 CPU 测量电压 V_{VAD} 仿真波形

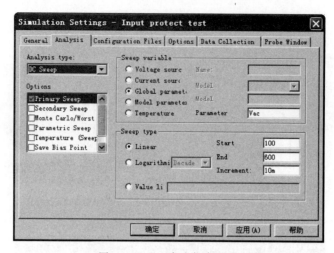

图 4.86 V_{IN} 直流仿真设置

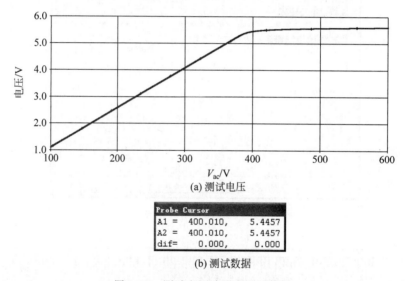

(a) 测试电压

```
Probe Cursor
A1 =   400.010,     5.4457
A2 =   400.010,     5.4457
dif=     0.000,     0.000
```

(b) 测试数据

图 4.87 测试电压波形和测试数据

4.4.5 IGBT 保护电路测试

1. IGBT 保护电路工作原理

该电路保护 IGBT 可靠导通与关断；因为 IGBT 驱动电压至少需要 16V，所以利用 Q_1（PNP 管）和 Q_2（NPN 管）组成推挽驱动电路，具体电路见图 4.88，工作原理如下。

（1）输入信号为高电平时 Q_2 导通、Q_1 截止，18V 电压流通为 IGBT 的 G 极提供门极驱动电压，IGBT 导通线盘开始储能。

（2）输入信号为低电平时 Q_2 截止、Q_1 导通，IGBT 的 G 极接地，IGBT 关断，此时线盘感应电压对谐电容放电形成 LC 振荡。

（3）电阻 R_6 在三极管截止时将 IGBT 的 G 极残余电压快速拉低，电容 C_{11} 用于高频旁路，以平缓驱动电路波形；稳压管 ZD1 用于限制 IGBT 的 G 极电压，预防输入电压过高时

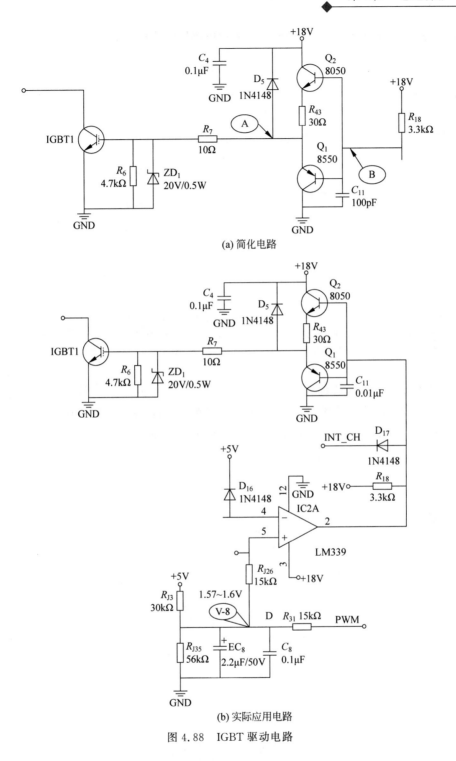

(a) 简化电路

(b) 实际应用电路

图 4.88 IGBT 驱动电路

损坏 IGBT；检锅时波形如图 4.89 所示，波形不理想、有点变形；检到锅正常工作后波形如
图 4.90 所示，控制推挽电路的波形与驱动 IGBT 波形很相似，功率越大波形高电平宽度越
大、B 点波形底部越平，因为 LM339 控制内部三极管导通接地，而 A 点波形底部比地略高
然后再回到零电压。

（4）电路容易出现上电烧机，主要因为驱动电路输出高电平导致，温升高时瓷片电容经常出现问题。

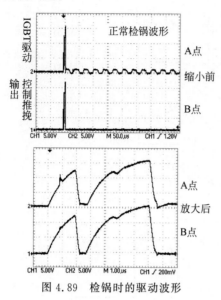

图 4.89 检锅时的驱动波形

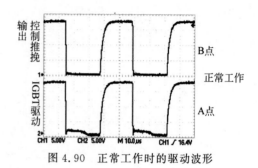

图 4.90 正常工作时的驱动波形

2. IGBT 驱动与输入保护测试

电容滤波和延时作用非常重要；V_5 直流分析测试浪涌电压保护值，通过 R_{42} 调节保护点电压值；具体测试电路和设置分别如图 4.91 和图 4.92 所示。

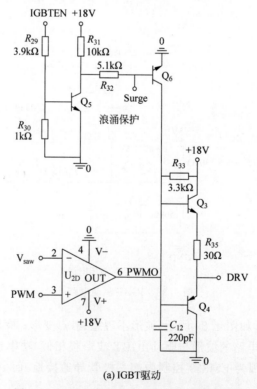

(a) IGBT驱动

图 4.91 IGBT 驱动与输入保护仿真测试电路

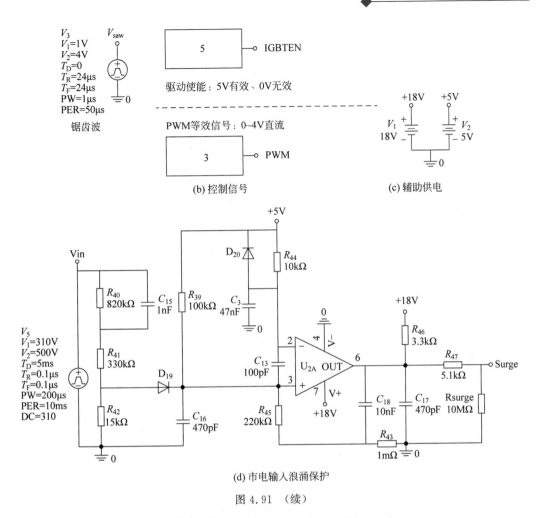

图 4.91 （续）

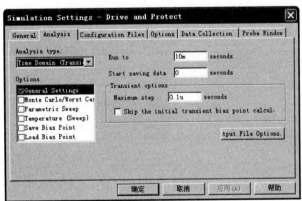

图 4.92 瞬态仿真设置

输入市电 V_{Vin}、浪涌保护信号 V_{Surge} 和 IGBT 驱动信号 V_{DRV} 的仿真波形如图 4.93 所示：输入市电在安全范围时 IGBT 驱动信号正常输出，输入市电浪涌过压时 IGBT 驱动信号为低电平、IGBT 关闭；浪涌保护信号 V_{Surge} 消失之后延时一段时间 IGBT 才能重新启动。

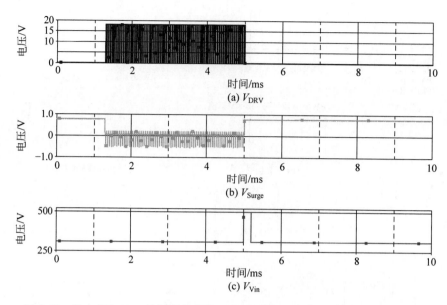

图 4.93　输入市电 V_{Vin}、浪涌保护信号 V_{Surge} 和 IGBT 驱动信号 V_{DRV} 的仿真波形

比较器输入信号与 IGBT 驱动：V_{PWM} 高于 V_{saw} 时 V_{DRV} 为高电平——IGBT 开通；V_{PWM} 低于 V_{saw} 时 V_{DRV} 为低电平——IGBT 关闭；具体测试波形见图 4.94。

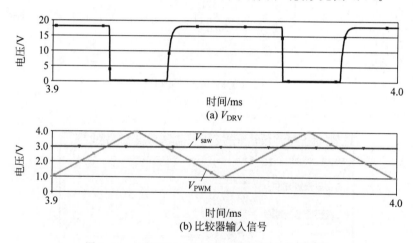

图 4.94　比较器输入信号与 IGBT 驱动信号波形

4.4.6　PWM 输入基准电路

PWM 实际产生电路由 CPU 的 V_{PWM} 和＋5V 共同产生，通过调节 V_{PWM} 占空比改变 V_{PWMO} 的电压值，从而改变 IGBT 驱动信号脉宽，具体测试电路和占空比设置分别如图 4.95 和图 4.96 所示。

图 4.97 中 Duty 范围 $0.1 \sim 0.9$，对应输出 V_{PWMO} 范围 $1.063 \sim 3.937$，$V_{PWMO} = (25.5Duty+5)/7.1$，利用节点电压法计算，所以将 V_{PWM} 等效为 5Duty。

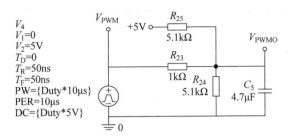

图 4.95 PWM 实际产生电路——V_{PWMO} 为等效电压

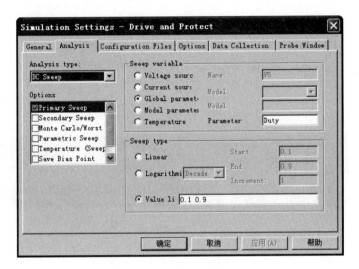

图 4.96 Duty 直流仿真设置

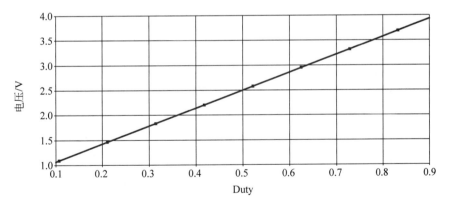

图 4.97 Duty 与 V_{PWMO} 测试波形

Duty＝0.8 时对电路进行瞬态测试,时长为 10ms、最大步长 0.1μs,图 4.98 为具体设置;图 4.99 为 V_{PWM} 和 V_{PWMO} 仿真波形,直流参考信号由 PWM 通过 RC 滤波实现,调节占空比改变直流电压值。

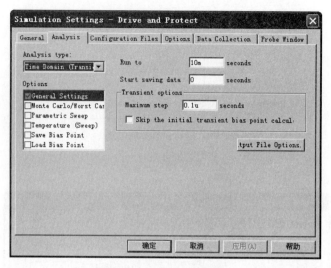

图 4.98　瞬态仿真设置

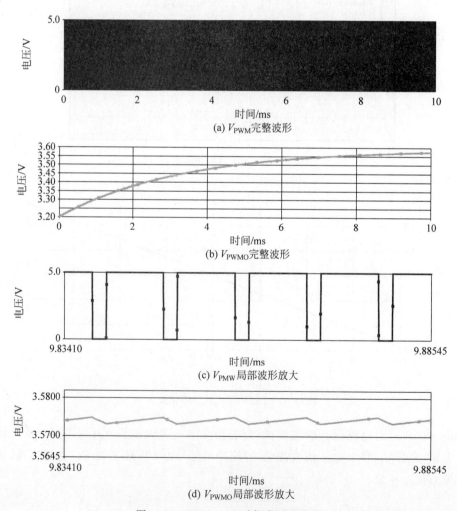

(a) V_{PWM} 完整波形

(b) V_{PWMO} 完整波形

(c) V_{PMW} 局部波形放大

(d) V_{PWMO} 局部波形放大

图 4.99　Duty=0.8 时仿真测试波形

4.4.7　反压保护电路测试

1. 反压保护电路工作原理

反压保护电路可以决定 IGBT 导通宽度，提供 IGBT 正常开通、关断，具体电路见图 4.100。

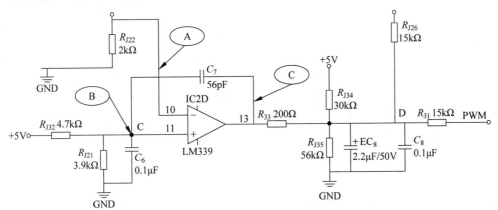

图 4.100　反压保护电路

工作原理分析：R_{J32}、R_{J21} 为 LM339 的 11 脚提供基准电压，引脚 10 由同步谐振电路分压得到，抑制 IGBT 的 C 极反压不得超过 1150V，当提锅或移锅时 IGBT 反压增大，当接近 1150V 时同步端使 LM339 的引脚 10 电压高于引脚 11，引脚 13 输出低电平，然后比较器一直切换，从而维持电压不超过限压值，保护 IGBT 不损坏；R_{J34}、R_{J35}、EC_8、C_8、R_{31} 组成 PWM 控制电路，PWM 输出脉冲宽度越宽经过 EC_8 平波后输出给 LM339 的 5 脚电压越高，与 LM339 的 4 脚比较反转时间越长，引脚 2 输出高电平时间越长，进而控制 IGBT 驱动脉宽，达到控制加热功率越大的效果，反之越小，PWM 脉宽输出波形如图 4.101 所示；正常电压时，PWM 调节最小、最小功率（800W）下不来的主要原因为 D 点电压太高，导致 IGBT 开通占空比无法调小，此时通过调小 R_{31} 电阻可实现电路正常工作。

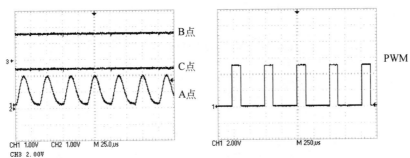

图 4.101　实际测试波形

CPU 通过检测输出控制信号进行系统调节，反压保护测试电路具体见图 4.102。

（1）反压电路 B 点给 LM339 正端设置基准电压，当（A 点）负端接收到谐振波形时与 B 点作比较，高于基准电压时比较器反转，抑制谐振电压不超过 1150V（此处采用的 IGBT 耐压为 1200V）。

（2）抑制反压后，锅具抬锅、偏锅时输出功率也会发生变化，根据电流取样电路的电压值调整 PWM 脉宽。

（3）CPU 通过控制 PWM 脉冲宽度决定比较器输出状态，从而控制 IGBT 导通时间长短，最终控制输出功率大小。

（4）此电路异常易时出现爆机、检锅慢、无法检测到锅等故障。

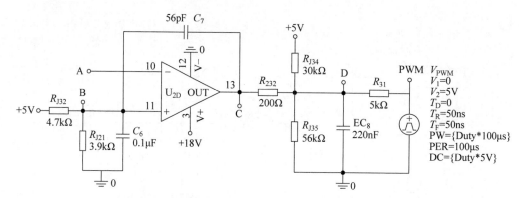

(a) 保护主电路——为缩短仿真时间，将 EC_8 和 R_{31} 的阻值降低、PWM 频率升高

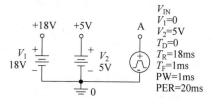

(b) 辅助供电与反压等效源——利用脉冲源等效IGBT反压信号进行保护测试

图 4.102　IGBT 反压保护仿真测试电路

2. 反压保护电路测试

瞬态测试。当 $V_B > V_A$ 时 LM339 输出高电平，V_C 和 V_D 电压由 PWM 决定，以控制输出功率；当 $V_B < V_A$ 时 LM339 输出低电平，V_C 和 V_D 同为低电平，使得 IGBT 驱动信号为低从而关闭功率电路，具体仿真设置与测试波形分别如图 4.103～图 4.105 所示。

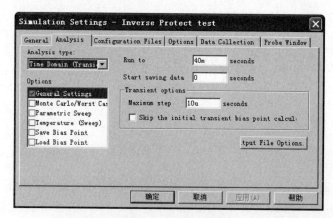

图 4.103　瞬态仿真设置

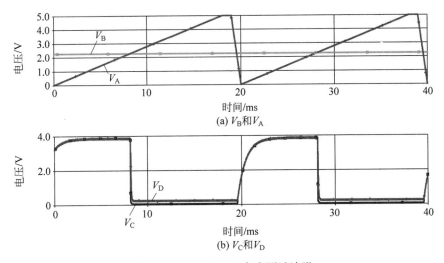

图 4.104 A、B、C、D 各点测试波形

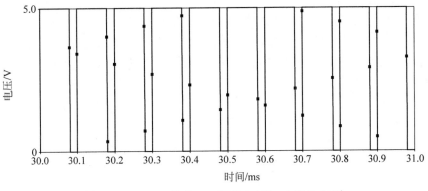

图 4.105 PWM 信号——频率 10kHz、占空比 80%

4.4.8 风扇控制电路分析

1. 风扇控制电路工作原理

风扇控制电路主要作用是排出炉内热气。

IGBT 和整流桥紧贴在散热片上,利用风扇转动,通过电磁炉外壳上的进、出风口形成的气流将散热片上的热及线盘等零件工作时所产生的热、加热锅具辐射进电磁炉内的热和其他器件所散出的热全部排出炉外,以降低炉内环境温度,保证电磁炉正常工作; CPU 控制 FAN 端口输出高电平,使 Q_3 三极管导通,18V 电压加在风扇两端并且经过 Q_3 到地使风扇工作,具体电路见图 4.106;FAN 输出低电平时 Q_3 截止,风扇停止工作;D_{22} 为开关二极管,作用为吸收、平波、保护三极管不被击穿,同时让风扇工作更加可靠。

CPU 根据程序判断发出控制命令。

(1)结合炉面传感器与 IGBT 传感器取得的 AD 值控制风扇工作。

(2)判断是否开机、风扇长转。

（3）判断是否有特殊要求控制风扇工作。

（4）此电路异常时风扇长转或者不转，检查 Q_3 是否损坏。

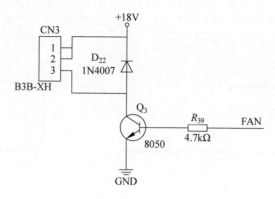

图 4.106　风扇控制电路

2. 风扇控制电路测试

控制信号 V_{Fan} 为高电平时风扇工作、进行系统散热处理；控制信号 V_{Fan} 为低电平时风扇停止工作。驱动信号变低、风扇关闭时储存在磁场中的电流通过保护二极管 D_1 进行吸收，以减小 Q_1 集电极电压、保护其不被击穿。具体仿真电路及其模型、瞬态分析仿真设置与测试波形如图 4.107～图 4.109 所示。

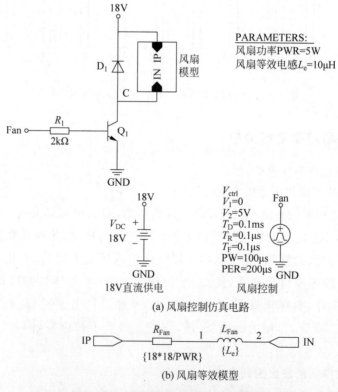

(a) 风扇控制仿真电路

(b) 风扇等效模型

图 4.107　风扇控制电路及其等效模型

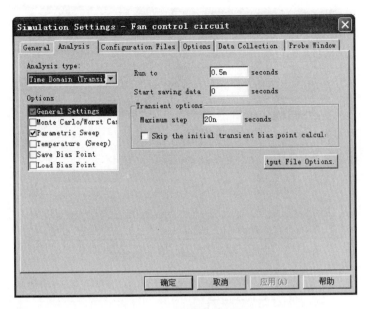

图 4.108　瞬态仿真设置

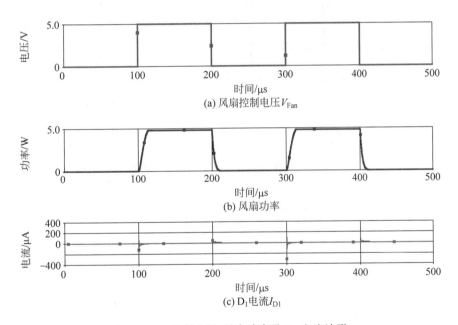

(a) 风扇控制电压 V_{Fan}

(b) 风扇功率

(c) D_1 电流 I_{D1}

图 4.109　控制电压、风扇功率及 D_1 电流波形

PWR 参数分析——风扇功率测试：设功率分别为 3、4、5 时仿真测试功率分别为 2.93、3.89、4.82——测试结果与设置值基本一致，仿真设置、测试波形和数据分别如图 4.110 和图 4.111 所示。

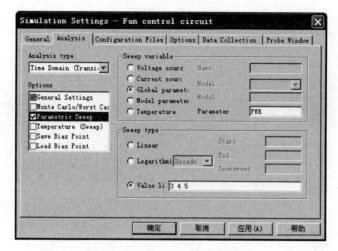

图 4.110　功率 PWR 参数设置

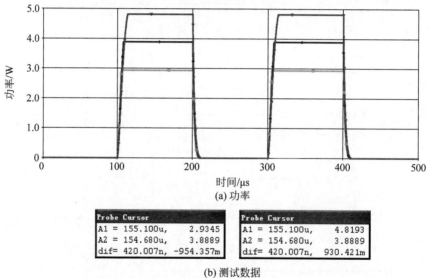

(a) 功率

Probe Cursor	
A1 = 155.100u,	2.9345
A2 = 154.680u,	3.8889
dif= 420.007n,	-954.357m

Probe Cursor	
A1 = 155.100u,	4.8193
A2 = 154.680u,	3.8889
dif= 420.007n,	930.421m

(b) 测试数据

图 4.111　功率分别为 3、4、5 时的测试波形与测试数据

第5章

典型电路测试

本章对前 4 章中具有代表性的典型电路进行实际测试——书读百遍其意自现,如此便可温故而知新。选择电路具体如下:第 1 章的带通滤波器、第 2 章的 RC 积分电路、第 3 章的 LED 台灯测试电路、第 4 章的交流电压自动切换电路。每个测试电路包括电路图、电路板和测试结果,读者可将前面对应章节的理论计算和仿真分析与实际测试结果进行对比,以便更加深刻地理解其中含义,强烈建议读者能够自己绘图、制板、焊接、调试、故障排除与性能提升——纸上得来终觉浅,绝知此事要躬行!

5.1　带通滤波器

带通滤波器电路图、电路板、测试结果分别如图 5.1～图 5.3 所示——输入为脉冲电压信号,低频时输出波形仅对输入信号的上升和下降沿进行处理,将直流分量忽略,输入与输出波形相差很大。随着输入信号频率升高,输入与输出波形逐渐一致,高频时输出信号几乎为零。上述测试结果与带通滤波器性能相符——低频和高频被抑制、中间频带通过。

5.2　*RC* 积分电路

RC 积分电路电路图、电路板、测试结果分别如图 5.4～图 5.6 所示,输入为脉冲电压信号,然后经过 *RC* 滤波电路输出,通过短路块对滤波电容进行选择。输入脉冲信号相同的情况下,电容值越大、输出波形上升沿时间越长,这就是 *RC* 积分电路的功能。当积分常数非常小时,*R* 和 *C* 的实际器件特性非常重要,必须选择无感高频电阻和电容,以保证理论计算与实际测试的一致性。

　　注意:为保证测试波形和数据的准确性,测试探头和示波器输入端必须为高阻状态,否则测试波形和上升沿数据误差很大——电阻 R_1 的原因!

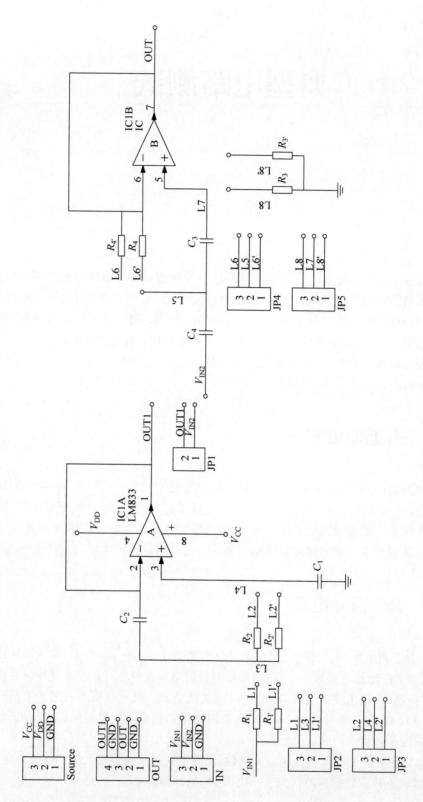

图 5. 1 带通滤波器电路图

图 5.2 带通滤波器电路板

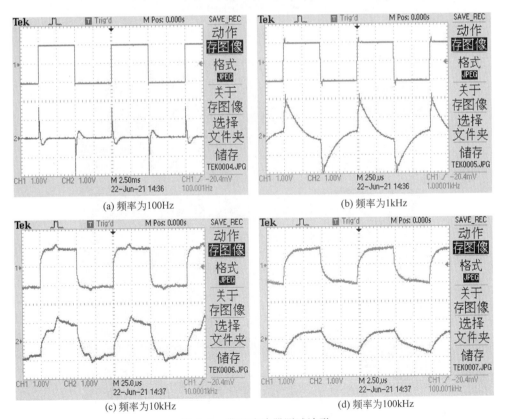

(a) 频率为100Hz

(b) 频率为1kHz

(c) 频率为10kHz

(d) 频率为100kHz

图 5.3 带通滤波器测试波形

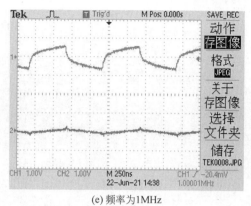

(e) 频率为1MHz

图 5.3 （续）

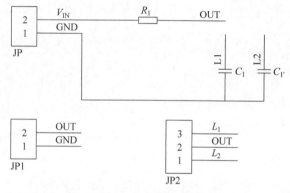

图 5.4 RC 积分电路图

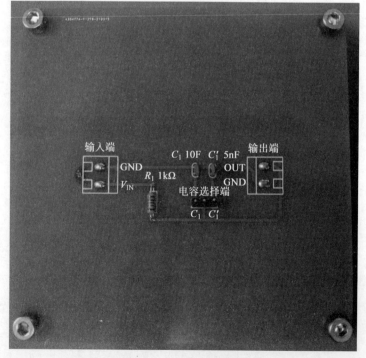

图 5.5 RC 积分电路板

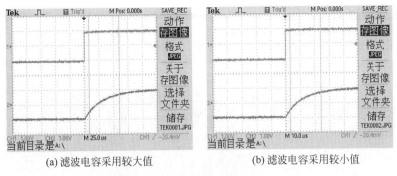

(a) 滤波电容采用较大值   (b) 滤波电容采用较小值

图 5.6 RC 积分电路测试波形

5.3 LED 台灯电路

LED 台灯电路电路图、电路板和测试结果分别如图 5.7、图 5.8 和图 5.9 所示,利用 5V 直流电源对电路进行供电,开始上电时电路不工作、LED 不发光,当开关 SW_1 或者 SW_2 经历"闭—开"过程时,LED 的工作状态转换一次,即 LED 原来发光、当 SW_1 或者 SW_2 闭合再打开后 LED 变为不发光,或者 LED 原来不发光、当 SW_1 或者 SW_2 闭合再打开后 LED 变为发光。

注意:单独切换一支开关状态时另外一支开关必须保持闭合状态,或者两支开关协同调节,避免一支开关长期断开,使得另外一支开关的"闭—开"切换无效!

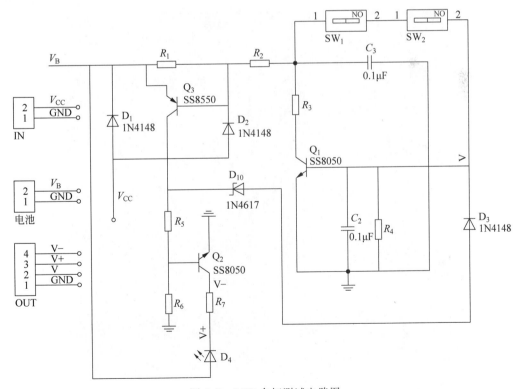

图 5.7 LED 台灯测试电路图

图 5.8　LED 台灯电路测试——LED 关

图 5.9　LED 台灯电路测试——LED 开

5.4　交流电压自动切换电路

交流电压自动切换电路电路图、电路板分别如图 5.10 和图 5.11 所示,该电路主要对市电进行处理,由于市电通常为 110VAC 和 220VAC 两档,所以该电路设置比较阈值为150VAC——即市电低于 150VAC 时倍压电路工作;市电高于 150VAC 时倍压功能无效,电路为全桥整流。通过可调变压器对输入交流电压进行调节,测试数据如表 5.1 所示。由测试结果可知输入低于 140VAC 时输出直流电压为输入交流电压整理值的两倍——倍压有效,输入高于 160VAC 时输出直流电压即为整流值——倍压无效,测试结果与设计和仿真一致。由于该电路输入和输出为高压,实际测试时务必注意安全。

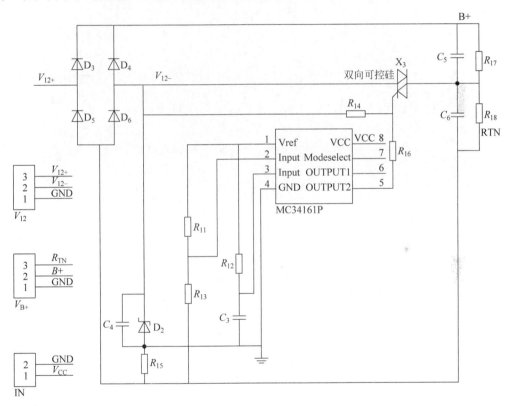

图 5.10　交流电压自动切换电路图

表 5.1　交流电压自动切换电路测试数据

输入交流电压 V_{rms}/V	输出直流电压 V_{dc}/V	备　　注
80	215	倍压有效
100	270	倍压有效
140	378	倍压有效
160	220	倍压无效
180	250	倍压无效
200	276	倍压无效

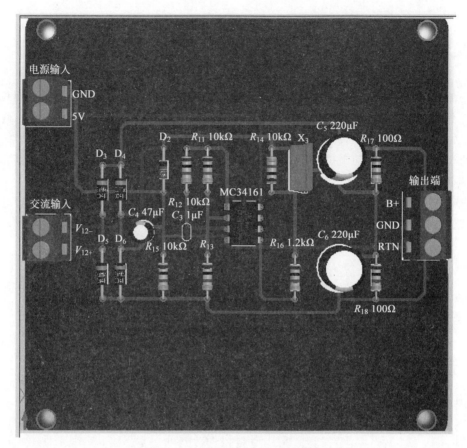

图 5.11　交流电压自动切换电路板